读书是一辈子的事

樊登 著

中国友谊出版公司

图书在版编目（CIP）数据

读书是一辈子的事 / 樊登著. -- 北京：中国友谊出版公司, 2024.8

ISBN 978-7-5057-5831-5

Ⅰ.①读… Ⅱ.①樊… Ⅲ.①成功心理－通俗读物 Ⅳ.①B848.4-49

中国国家版本馆CIP数据核字(2024)第008032号

书名	读书是一辈子的事
作者	樊登
出版	中国友谊出版公司
发行	中国友谊出版公司
经销	新华书店
印刷	三河市中晟雅豪印务有限公司
规格	700mm×980mm　16开 18 印张　280 千字
版次	2024年8月第1版
印次	2024年8月第1次印刷
书号	ISBN 978-7-5057-5831-5
定价	69.00元
地址	北京市朝阳区西坝河南里17号楼
邮编	100028
电话	（010）64678009

如发现图书质量问题，可联系调换。质量投诉电话：010-82069336

自序

亚当和夏娃受了蛇的教唆,要吃智慧果。这个时候,人类的命运其实是可以有转机的,那就是他俩去跟上帝商量一下,问上帝究竟该不该吃。因为上帝对他们很不错,而且上帝经常在伊甸园里散步,很容易就能碰上。可这俩孩子为啥就不问呢?各位不要以为这是无聊的猜想,这里面隐含着对人类原罪的认识,因为这是人类犯下的第一个错误,而这个错误在其后不断地重犯。这个错误就叫作懒惰。

懒惰是原罪?没错!懒惰的背后是恐惧——对未知的深深恐惧。甚至在问一问上帝,哪怕被拒绝也没什么损失的情况下,人类依然会恐惧面对这个结果。沿着这条懒惰的动力线看下来,知道自己为什么生活得那么按部就班了吗?小学、初中、高中、大学、硕士、博士,然后停止学习!大部分人学习只是为了拿到按部就班的成果,至于为什么要这么做,懒得去想。因此,我们人生中最需要克服的阻力就是"惯性"！我在讲书时最常用的例子是堵车，明明知道堵车的时候生气是无济于事的，我们还是特别缺心眼儿地生气，暴躁地按喇叭。为什么？惯性！不用动脑子，按照大部分人、大部分场景的内容设定，此处应该暴躁。不要觉得好笑，我们每个人的大部分时间都是生活在惯性设定的程式当中的。上学的时候，读书是惯性的安排，拿到文凭后不读书也是惯性的安排。只有极少数人愿意停下来想想：为什么一定要遵从惯性的安排？我可不可以不这么懒惰和恐惧？这些人就叫作智者。

佛陀要挑战的是生老病死的惯性轮回，他思考、苦修、证悟、成佛；孔子挑战的是弱肉强食的丛林法则，他周游列国，承上启下；庄子要摆脱功名利禄的惯性诱惑，齐物、逍遥、超然世外……亚里士多德对宇宙的解释和界定统治了西方世界两千年，牛顿突然觉得不对劲，他的思考让人们重新认识了宇宙；当人们说出"我们不需要上帝，有牛顿就够了"的时候，爱因斯坦用相对论解释了宇宙的样子……我是不是说得太远了？很多人说："我只是凡夫俗子，也并不认为自己可以成为牛顿、爱因斯坦，能不能别跟我扯这些没用的？"（老实讲，听到这样的话，我就会心痛。）你为什么甘愿做一个普通人，明知道生活中有特别多的痛苦还假装乐观地奋斗？是谁消除了你每天超凡入圣的可能性？仔细想想，其实，除了我们为自己设定的惯性栅栏之外，再没有别的什么东西了！你一旦开始思考惯性这件事，这道栅栏就开始消失了。

接下来，你要做的，就是读书、思考、践行。你未必要成为影响全世界的伟人，但你一定可以成为更好的自己。能够纯然成为一个生活中的艺术家和高手，也是一件了不起的事。至于知名度，那只是另一种惯性。学校为我们设定了什么是该学的、什么是不该学的，哪些是要下功夫的、哪些是看看就行的，但只要你问一句为什么，这些设定就会土崩瓦解。有太多人拿到了很好的文凭，却无法应付简单的家庭生活；有太多人考试很厉害，做人却特别猥琐；还有人赚到了很多钱，却说自己毫无价值，不想活了……简单点儿讲，就是按照别人安排的知识结构生活，你是无法过上幸福生活的。能不能拿出一点儿力量，想一想自己想要什么？你去图书馆看看，到网上搜一搜，在樊登读书会（现已改名为"帆书"）里找一找，找高人请教请教，你的知识结构需要你自己设计和打造。在这一点上，我和埃隆·马斯克的意见一致——不懂就去学。如果你还有一点儿自信的话，学习不丢人，不学还自以为是才丢人。

　　我有一段时间觉得自己不幸福，想知道怎样才能幸福。这个问题可能比研究地心引力还要复杂。我没有苦苦思索到想死的地步，而是选择了读书。特别幸运，有本书就叫作《幸福的方法》，作者是哈佛大学的泰勒·本－沙哈尔教授。他在书里告诉我：幸福与状态无关，幸福是一种能力！多么醍醐灌顶的一句话！我一下子明白了为什么孔子说"君子谋道不谋食""君子忧道不忧贫"。幸福的能力就像肌肉一样，是可以锻炼的！这本薄薄的小书让我幸福了很多，没有考试，不计学分，甚至也不是为了办读书会，但这本书带给我的幸福感受是实实在在并伴随终生的。

后来，我有了孩子。在孩子出生前，我就把能找到的关于家庭教育的书都买来看了一遍。对我（其实是对我儿子嘟嘟）影响最大的书是《你就是孩子最好的玩具》和《如何培养孩子的社会能力》。那时，我在IBM（国际商业机器公司）讲授领导力的课程，我发现教育孩子的方法和管理团队的领导力方法竟然一模一样！核心都是尊重和信任，方法都是沟通、倾听、反映情感、授权、激励、辅导、反馈……从当上爸爸的第一天起，我就成了全家的教育专家，就连孩子不肯睡觉我都有办法搞定。这不是我天生就适合当爸爸，而是因为我相信学习可以解决我们所面对的问题。有很多人在家里喜欢发脾气，无论是对孩子、配偶，还是老人。发脾气就是懒惰的表现，懒得去学习更有效的方法，以为发脾气可以走捷径。看看，又回到原罪了不是？

我真庆幸读过《论语》，而且对孔子的观点深信不疑。他说："吾尝终日不食，终夜不寝，以思，无益，不如学也。"发脾气、生闷气、喝闷酒、找个红颜知己、离家出走、依靠诗和远方，这些奇怪的方法都是绕个弯子的懒惰。认认真真地读书、学习，用学到的知识改变自己、改变社会，压根儿不需要那么多虚头巴脑的口号和心灵鸡汤。所以，我后来读了不少能赚钱的书，比如《疯传》《哈佛商学院最受欢迎的领导课》《指数型组织》《销售洗脑》《让大象飞》……还读了不少让我成为半个生活专家的书，比如《幸福的婚姻》《亲密关系》《母爱的羁绊》《叛逆不是孩子的错》……还有一些书可以让我冒充半小时的国学专家，比如《梁漱溟先生讲孔孟》《王阳明哲学》《孟子》《魏晋风华》……后来，我办了樊登读书会，成了能用读书赚很多钱的读书人。

　　读到什么时候是个头呢？那得取决于你对生活什么时候失去好奇心。好奇心不死，读书不止。

目录 contents

上篇　认识自己

002 ▶▶▶ 关于认识自己的废话
005　·《幸福的方法》：事关幸福的积极心理学
006　·幸福是一种能力
008　·幸福的四个象限
011　·决定幸福的思维方式
013　·《正念的奇迹》：让焦虑自然消散
014　·痛苦的根源在哪里
018　·在生活中修习正念
020　·正念之行路漫漫
023　·《我战胜了抑郁症》：请记住，你并不孤独
024　·什么是抑郁症
026　·9个抑郁症患者的故事
031　·这样战胜抑郁症
038　·《我的情绪为何总被他人左右》：让情绪自由
039　·世上有四种"情绪病"
041　·病态的思维模式
044　·非理性的人生信条
045　·四步摆脱情绪控制

049	· 《你的生存本能正在杀死你》：如何与焦虑相处
050	· 为什么我们控制不住自己
053	· 坏习惯到底从哪里来
056	· 与生存本能和谐共处
063	· 《情绪急救》：总有一个疗法适合你
064	· 顶住被拒绝的伤害
067	· 应对危险的孤独症
069	· 在丧失和创伤中获得新意义
072	· 内疚、反刍、失败、自卑的良药
078	· 《精神问题有什么可笑的》：重塑精神世界
079	· 生活在新时代的原始人
080	· 负面情绪如何产生
082	· 当我成为我的观察者
085	· 为生活注入喜悦的细节
086	· 让自己成为变化中的一部分
089	· 《减压脑科学》：用科学的方法赶走压力
089	· 战胜压力是不可能的
091	· 大脑的内部运作
094	· 制造神奇的血清素

目录 contents

中篇　了解未来

- 100 ▶▶▶ 面对未来的正确姿势
- 103 ·**《未来简史》：从人类如何胜出到人类的未来命运**
- 104 ·死亡的末日
- 108 ·智人的胜出
- 111 ·智人的退出
- 119 ·未来的可能性
- 122 ·**《人工智能时代》：未来时代的生活**
- 123 ·人工智能不是人类的仆人
- 126 ·人工智能带来的冲击
- 131 ·我们在变化中怎么办
- 135 ·**《指数型组织》：指数型组织的11个重要属性**
- 135 ·线性思维与指数型思维
- 140 ·创业能否成功的分界线
- 141 ·指数型组织的11个重要属性
- 148 ·打造指数型组织

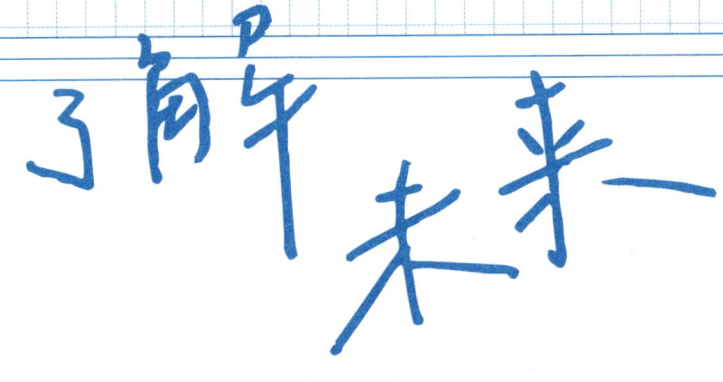

152	· **《共享经济》：从共享看未来商业模式**
152	· Zipcar带来了新世界的气息
156	· 人人共享的三大核心
158	· 共享经济创造奇迹
161	· 从零开始，人人参与
167	· **《翻转课堂的可汗学院》：未来的学习会是什么样**
168	· 可汗的创业之初
169	· 消灭隐患的精熟教学法
172	· 存在的，未必是合理的
174	· 为现实和未来带来机会

目录 contents

下篇　　精进生活

- 180 ▶▶▶ 与自己和解，直达精进
- 183 ·《离经叛道》：做有趣、有胆、有谋的创新者
- 184 · 创新者的两面性
- 187 · 如何判断好创意
- 192 · 获得支持的方法
- 194 · 创新的时机选择
- 198 · 创新者的养成
- 201 ·《你要如何衡量你的人生》：正确的思维方法比答案更重要
- 202 · 原理能提前向你描述行为的后果
- 203 · 确保事业成功的战略与配置
- 208 · 把心力交给你的家庭和朋友
- 214 · 100%的正直比98%的正直更容易实现
- 217 ·《少即是多》：找到你的小确幸
- 218 · 简单的生活静水流深
- 220 · 18个改变生活的建议
- 226 · 用舍弃来重新设定生活

精进生活

230	·《向前一步》：何时觉醒都不晚
231	· 女性的困惑与恐惧到底是什么
233	· 8个建议让女人的人生丰满、轻盈
241	· 女性觉醒也是亲密关系的礼物
243	·《这书能让你戒烟》：好办法不需要意志力
245	· 戒掉小毒虫：尼古丁
247	· 戒掉大毒虫：心瘾
249	· 快乐戒烟并不难
252	·《非暴力沟通》：用爱和理解打开一切
252	· 力挽狂澜的非暴力沟通
256	· 在生活中隐藏的暴力
259	· 只要四步，开辟新局面
266	· 讲出你未被满足的需求
268	· 练习以爱回应世界
270	· 后记：如何识别一本好书
273	· 参考文献

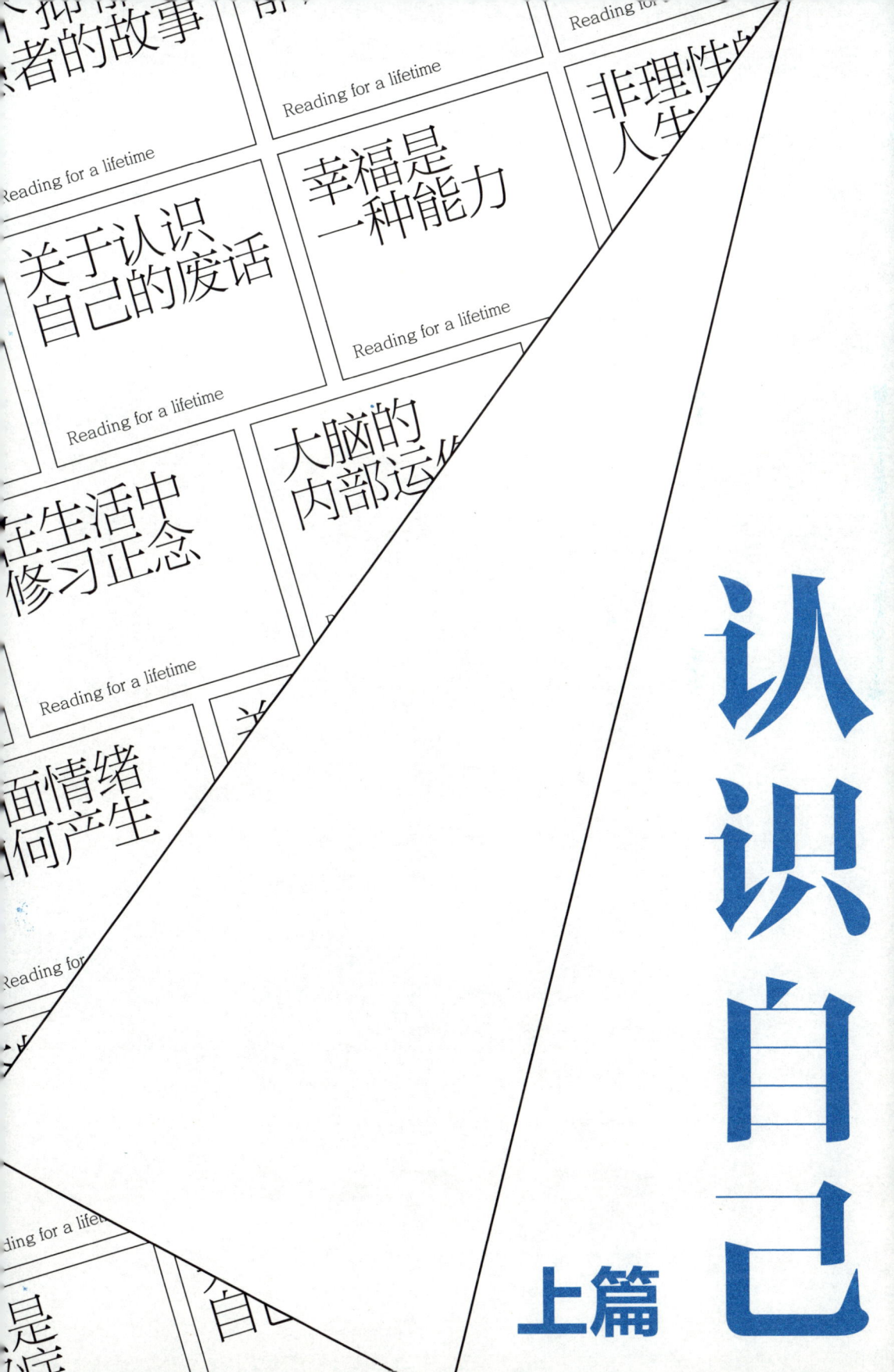

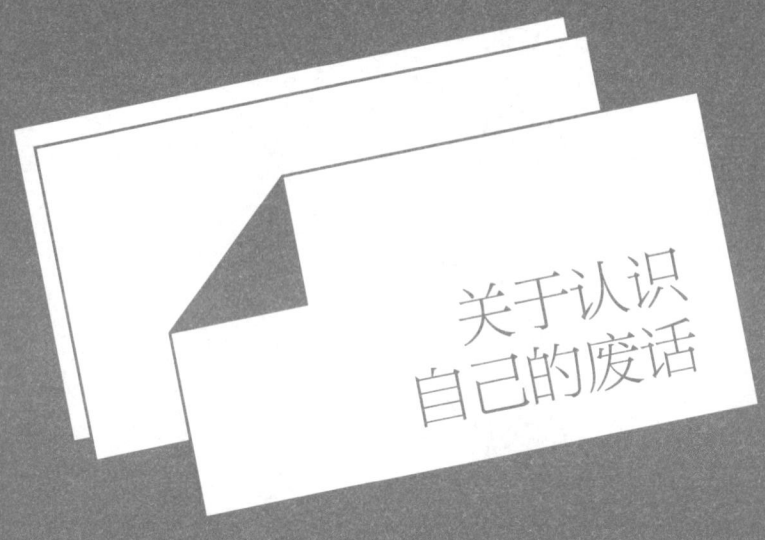

关于认识自己的废话

从苏格拉底到现在的哲学家，无数的"大脑袋"所做的最主要的工作就是帮助人们认识自己。从目前"吃瓜群众"的数量来看，这个工作还不算成功。所以，就当是废话吧，也不在乎我再多说一些。

首先，我们得知道为什么认识自己是一件困难的事。小孩子在刚出生的时候是困惑的，他们以为整个世界与他们是合一的。小胳膊一挥，好像整个世界都要听自己指挥。后来，他们慢慢发现自己哭的时候别人似乎并不难过，才知道自己和世界的不同，但依然倔强地认为世界应该听自己的。所以，所有3岁前的孩子都有过不讲理哭闹的时候，那是因为他们不能理解别人居然没有和他们一样的感受。等到在现实中受了很多挫折后，他们才学会观察和理解他人。

大部分人会觉得世界比自己要强大和重要得多，所以通过世界的反馈来定义自己。为什么一个孩子经常看电视，长大后情商会比较低？因为他所做的事，电视没有反馈，所以他无从判断这件事的对错和尺度。大部分人的成长就到这里了——世界怎么给我反馈，我就是什么。我的收入排名、学历、出身、社会荣誉，这一切就构成了我的人生和追求。当然，总会有智者停下来问问："这真的是我吗？这真的是我想要的吗？"

佛陀为了这件事在菩提树下苦苦思索，突然明白，众生皆具如来智慧德相，皆因妄想、执着不能证得。我们通过大量的人生经验总结出来的那些社会标准，竟然成了遮蔽我们认识自己的最大障碍。这些妄想、执着究竟是什么？简而言之，就是惯性。就像智者不理解人为什么总在不断地追名逐利，我们也无法理解飞蛾为什么执着地扑火。每个人都有自己的惯性行为，太执着了就会有伤害。比如，一个小时候因家庭贫困而被嘲笑过的孩子，就可能为了面子活一辈子，顿顿饭都要抢着买单；一个被父母伤害过的姑娘，可能会在男朋友面前各种"作"，以证明对方在乎她；从小被严格要求的学霸，做什么事都不能令自己满意，焦虑得睡不着觉……这就是惯性的来源，你无法选择。

幸好还有智者们：老子说要复归于婴儿，就是要回到婴儿的纯真状态，回归到与天地合一的境界；佛陀说要破除我执，就是要打破惯性，重新认识自己和世界的关系；孔子说自己70岁以后随心所欲，不逾矩，他老人家应该是和自己和解了。如果你觉得这些人离你太远了，你只想知道怎样才能不用还房贷，那你这辈子恐怕就有还不完的房贷了。人最怕生活在一个对痛苦习以为常的世界。麻木并不能减少痛苦，相反，对生活麻木的人往往对痛苦更敏感。比如，一个声称破罐子破摔的人，就很有可能因为一次不公平的对待而报复社会。中国古人讲：以理化情。越接近这个世界的原理和真相，就越觉得众生可爱、可怜。

如果你某天有点儿闲，那正是认识自己最好的机会。如果你把来之不易的闲工夫只用来玩游戏，那当然无可厚非，只能说那是你当下的选择。但万一你灵光乍现，想拿起一本书，去了解这些智者都是怎样思考人生的，那请你不要放下这个善缘，也许这一刻就是你人生的转折点。你要对时间有点儿信心，在时间的严格筛选之下，还能够在书店里有一席之地的思想载体，多半值得我们去了解一下。好的书最终都会把你引导至同一个方向——认识自己。"我为什么会这么想？为什么会那么做？为什么会有这样的感觉？我能不能走上另一条道路？还有没有不同的道路？"

如果一本书中所说的东西都是迎合你的需求、增加你的自我崇拜、放大你的欲望、跪求你的认同的，你一定要小心，它不只是想赚你的钱，还想让你变得更傻。很多人按照惯性生活，这对想利用这一惯性的人来讲是再好不过的。当你有了独立的思考能力，开始想自己的惯性和本质了，有人说上帝就会发笑。但谁又知道上帝不是因为看到你迷途知返而发出会心的微笑呢？

Reading for a lifetime

《幸福的方法》：
事关幸福的积极心理学

《幸福的方法》的作者泰勒·本-沙哈尔在哈佛大学被誉为"最受欢迎的人生导师"，他开设的"积极心理学"和"领袖心理学"在哈佛大学是最受欢迎排名第一和第三的课程，很多学生还带着自己的父母、祖父母一起去听课。

沙哈尔教授16岁的时候，在以色列全国壁球赛中夺得冠军，这件事情触发他去思考什么是幸福。

他为打壁球进行了艰苦的训练，他常常感觉空虚，但他认为，胜利最后会给自己带来充实感。他为了比赛，严格遵守饮食限制。他其实特别喜欢吃汉堡，当时立下一个志向：等到自己拿到壁球冠军的时候，就去大吃特吃。

果然，他拿到了冠军。比赛一结束，他就立即赶去他最爱的汉堡店，一口气买了4个汉堡。可是，就在将汉堡放在嘴边的一刹那，他突然停住了。

他居然不想吃了。

就在那天，他发现，胜利并没有给他带来任何幸福，他所依赖的逻辑彻底被打破了。他想，如果在如此顺心的情况下都感觉不到幸福，那么幸福到底在哪里？

他读遍了和幸福有关的书，在大学里还主修了哲学和心理学。最终，他用

《幸福的方法》这本书帮助大家更好地了解幸福和充实生活所蕴含的基本原则。

幸福是一种能力

书中有这样一组对比的数字：

> 心理学家菲利普·布里克曼（Philip Brickman）及其同事的研究表明，乐透大奖得主在短短一个月的时间里，就已经回到了他们之前的幸福感水平——如果他们在中奖前是不快乐的，那他们就会回到不快乐的状态。同样，因车祸致残的人，在短短一年内就可以回到车祸前的快乐心态。

我采访过一名钢琴师。他10岁放风筝的时候，因为触电失去了双臂。后来，他尝试过游泳，以超乎常人的付出取得了很好的成绩。本来要代表中国队参加2008年残奥会，结果在残奥会之前他出现了紫癜，不得已只能放弃了游泳。

他曾经拼命努力，唯一所盼就是参加残奥会证明自己，却痛失机会，这是多么大的打击！但他没有深陷于打击中，他再次调整了自己的目标，开始练习用脚弹钢琴。后来，他得到了一个比赛的冠军。

当我和他聊天的时候，他没有我们想象的那么敏感，聊起天来也没那么多禁忌，没有什么不能提及的事情。他很开朗，爱开玩笑，他的爱好和其他年轻人也是一样的。

这样的对比让我们看到，幸福与状态无关，幸福是一种能力。

人们总是在渴望拥有和占有，渴望金钱、地位、粉丝追捧，希望自己也是完美的。但是，有人在拥有了上述的一切后，却选择了结束自己的生命——我们听过很多富人、名人自杀的消息，那是因为他们丧失了幸福的能力。

在《幸福的方法》中，沙哈尔教授告诉我们，幸福是对幸福的感知力。我们小时候过年多开心，放鞭炮，表弟、表妹都在一起，穿新衣服，有压岁钱。

如果是现在，我们来组织一个聚会，每个人都穿上新衣服，把表弟、表妹都叫来，大家一起放鞭炮，再有人给发点儿压岁钱，每个人还会像当初那么开心吗？如今，过年甚至成了很多人的一种负担。

随着年龄的增长，有的能力在增强，但幸福的能力在减弱，对快乐的感知力也在变弱，所以幸福的反面并不是不幸，而是麻木。

既然幸福是一种能力，我们就可以锻炼，就像你的肌肉没有力量，你可以通过举哑铃来使自己有力量，幸福的能力同样也是可以锻炼出来的。当你锻炼出自己幸福的能力的时候，你才会变得更加幸福。

更幸福不来自你挣了更多的钱，也不来自你的社会地位得到了更高的提升，甚至不来自你的身体变得更健康。这些都未必能够给你带来真正的幸福，真正的幸福来源于在追求这些东西的同时，你还能随时感受到快乐。

沙哈尔教授讲到对幸福研究的独特性在于可以超越时间和地域的限制，比如他也关注到中国的孔夫子周游列国去传播他的理想。

孔夫子特别喜欢的学生叫颜回，孔子说颜回"贤哉，回也"。就是说颜回这人真好，因为"一箪食，一瓢饮，在陋巷，人不堪其忧，回也不改其乐"。孔夫子讲到自己"饭疏食，饮水，曲肱而枕之，乐亦在其中矣。不义而富且贵，于我如浮云"。后来，宋明理学家研究孔、颜之乐到底是什么，这成为一个值得反复探讨的谜题。

我不能说自己找到了这个命题的唯一答案，只能说我个人的看法是：孔子和颜回本身就具备超强的幸福的能力，他们具备超强的对幸福的感知力，才能在任何情况之下依然保持幸福的状态。

孔子最困苦的是"绝粮陈蔡"，都没饭吃了。子路是一个脾气很直的人，冲过来讲："君子亦有穷乎？"就是说君子也能穷成这样吗？孔子这时候很淡定，他弹完琴，放下琴，说"君子固穷，小人穷斯滥矣"。君子就算是穷，也依然能够固守自己该有的操守；小人一旦"穷"，就会无所不用其极。

穷与通，窘境与发达，都改变不了他内心的淡定、从容，改变不了他内在的喜悦，这就是幸福的能力。要想锻炼出这种幸福的能力，在我们的文化中，可以读《论语》，从而了解孔子的思想，这是一个高要求的方法。西方人把这个要求降低了，给你一定的工具和方法，这样你很快就会找到幸福的方法。

幸福的四个象限

沙哈尔教授给了我们一个幸福的四象限，代表了四种不同的人生态度和行为模式。

第一种价值观是"现在幸福，未来不幸"的及时行乐型。吸毒的人知道自己这一针打下去是没有未来的，但是他们管不住自己，非打不可，这种行为就是所谓的"及时行乐"。有的人沉迷于网络游戏，他们对自己的评价很低，明知道就算玩到 40 岁，自己也是没有前途的，但他们非得玩。还有人夜夜笙歌，不学习，不锻炼，也不提升自己，不管未来会怎么样，只要现在开心就好……这些都是极端的例子。

我在工作中会遇到一些年轻人，我跟一个小伙子讲："你现在一个月才挣 3000 块钱，你用点儿心就能挣 1 万块钱了。"小伙子说："你别管我，我觉得挣 3000 块钱挺好的。我不用租房子，我就是本地人，跟父母一起住，我工作就是为了轻松……"这也叫及时行乐。他在某一天真的需要钱或是需要自己有能力支撑一个家庭的时候，就会后悔今天的不作为。

第二种价值观是"现在不幸，未来可能也没法幸福"的无助型。据说，得了严重抑郁症的人基本都是无助型。无助型的特点就是人生像走在一个黑暗的隧道当中，永远看不到前方有产生乐趣的可能，觉得所有的东西都没什么意思，干什么都打不起精神来。

心理学有一个实验，叫作"习得性无助"。无助不是天生的，而是一个人从生活中学来的。

美国心理学家塞利格曼将实验狗分为三组。把狗关在箱子里，在箱子边设置栏杆，对狗进行电击。第一组被轻微地电击，而它们旁边有一个开关，只要碰一下，就可以停止电击。当第一组狗掌控了开关后，在遭遇电击时，它们就能很快地跳出栏杆。第二组也遭受电击，但它们没有任何方法阻止电击。当它们遭遇电击时，只能在痛苦中消极忍受。第三组则完全没有受到电击，对它们进行轻微电击后，它们也能很快跳出栏杆。第二组狗就是"习得性无助"的受害者。

习得性无助是你本可以摆脱的东西，你却认为自己不能摆脱。据说，有一种训练大象的方法：在大象很小的时候，把它绑在一根很粗的木桩上，好动的小象一开始会想挣脱木桩，挣扎了许多次后，它发现自己无法挣脱那根木桩，于是就放弃了挣扎。当它长成大象，力量足以挣开木桩的束缚时，它还是以为自己摆脱不了，这也是习得性无助。

人类会习得性无助吗？聚会时，很多女孩子聊到男人就会说"男人没有一个好东西"。一个女孩遇到过很多个不好的男人，她就会认为这个世界上已经没有好男人了。有人认为婆媳是永远无法和谐相处的。还有人说："我没有方向感，别跟我谈方向，我完全不行。"

人们容易陷入习得性无助而不自知，事实上，只要你愿意学习、愿意改变，是有机会改善的。

无助型的人会觉得"我不行""我放弃""我不做"。所以，当你的无助型朋友认为自己现在不幸福，未来也不会幸福时，你一定要帮他。你要把习得性无助的概念讲给他听，他才有机会改变。

第三种价值观是"我现在不幸，但是我未来会幸福"的忍辱负重型。有的人一直在等：等我的公司上市就好了，等我的儿子考上××大学就好了，等我能够去环游世界就好了……这就是忍辱负重型。忍辱负重型的人未来会怎样？10年、20年、30年以后会怎样？

答案是，忍辱负重型的人永远都不会幸福。

人实现了一个目标以后就真的觉得"我淡定了，今后再也不用追求什么东西"了吗？也许你没买车的时候，觉得如果有车，人生会特别棒。买了车以后，你会觉得自己的车好像没有别人的好，你打算换一辆更好的车。换了一辆更好的车后，你又觉得不满意……车只是代步工具，你人生的烦恼不会因为有辆车就彻底消失了。

所以，任何期望通过改变外部的环境来改变自己幸福状态的想法都是不切实际的。忍辱负重型的人在这个世界上是大多数，因为很多人接受的教育导致了这样一个结果。

我采访过一位著名的诺贝尔奖获得者，他说自己反对这样一副对联——"书山有路勤为径，学海无涯苦作舟"。

他有一次回他的中学母校探望，校门口就挂着这副对联。他给校长提议改了一个字："书山有路勤为径，学海无涯乐作舟。"

从东方到西方，太多的教育都在教我们要吃苦才能够有所收获。是苦作舟的境界高，还是乐作舟的境界高？

一个人要想获得诺贝尔奖，靠苦读书是不够的。如果读书的自我感觉是苦的，仅仅靠奖赏、老师和其他人的表扬坚持着，那当外在的奖赏没有了怎么办？如果一个人没有从读书本身找到乐趣，又怎么能达到读书的至高境界？

一个人陷入这种忍辱负重型的人格的时候，他的人生就永远会在"求不得苦"中不断地沉沦，忍辱负重是幸福最大的陷阱。

第四种价值观是"我现在幸福，未来也幸福"的幸福型。快乐有不同的样子，要能体会到此刻的快乐。如果我讲书的时候总惦记着要去吃点儿什么，那么讲书的那一刻就会觉得特别痛苦。如果我想，生活中注定有这么一段时间要来讲书，现在可以感受到讲书的快乐，之后可以感受到吃东西的快乐。两种快乐是不一样的，这就是幸福的能力。

有人会怀念过去，怀念青春，怀念大学生活。我们能回到过去吗？

有人憧憬未来，憧憬环球旅游，憧憬一个长假，这些梦想能马上实现吗？

都不行。

我们唯一能待的时刻就是此刻、现在。

所以，如果在现在、此刻，你感受不到当下的快乐，心里总在怀念过去或者憧憬未来，这一刻就变成了痛苦的忍耐，被你留在了人生的相册中。

我们再深想一下，你特别怀念你的过去，怀念你的大学时光，但在那个时候，你真的特别快乐吗？有没有人在那时候焦虑得要命，担心考试太难而不知道该怎么办，或者觉得自己好穷，特别羡慕有钱人？我们在那个时候其实也并没有体会到那时候的快乐。

人生可悲的是，当失去一个东西的时候，人们才会感受到它的珍贵。

沙哈尔教授用四个象限的方式呈现出要做一个什么样的人才能够幸福：现在幸福，未来也幸福。

比如，你在努力地为未来打拼的同时，也能感受到此刻的快乐。

30年后，你可能会怀念今天，也可能会忘掉一切，但你一定会怀念今天的自己还能轻盈地走路，不需要坐着轮椅被人推着走。能够走路难道还不值得快乐吗？那些连走路的能力都没有了的人是多么渴望拥有这样的幸福，所以当你失去了走路、自由呼吸、蹦蹦跳跳的能力的时候，你会怀念今天拥有着这些能力。

我们可以有欲望，可以想买宝马、奔驰，想住大房子，想赚钱，想出国旅游……在这本书的观点里，这些都是值得被尊重的欲望，只是你不要被这些欲望折磨。

要为未来努力，但也要开心地享受努力的过程，这才是幸福的方法。如果一个人具备幸福的能力，就会发现，只要自己静静地坐着，不说话，慢慢地感受自己，就能够感受到幸福。岁月静好，闲来无事，读上一两本书，人生是多么幸福和满足。

决定幸福的思维方式

想从及时行乐型、无助型、忍辱负重型变成幸福型，最重要的方法是改变你的思维模式。

我们有两种思维模式，我把它们叫作"溺水型"和"郊游型"。

溺水型永远都像是被人压在水池里：我们憋着一口气，心想考上大学就好了；再憋着一口气，考上研究生就好了；再憋着一口气，等找到好工作就好了；再憋着一口气，等创业就好了。创业以后，发现噩梦才刚刚开始……

要把溺水型思维方式改掉，改成郊游型：小时候郊游，老师宣布说明天去香山，话音刚落，大家就高兴地叫起来，回家以后让爸妈给准备饭菜、帐篷，还兴高采烈地计划怎么玩。第二天出发，大家还是高兴，一路高兴。郊游结束，我们还在兴奋中。

我们的人生也可以如此。我们的人生目标可能是那个快乐的巅峰，但是在路途中，要能够享受其中的快乐，上山是快乐，下山也是快乐。这样，人生所积攒的全是快乐，而不是痛苦的回忆。

我想到了我们中国人说的两句话——"祝您洪福齐天"和"祝您享两天清福"。洪福齐天是大福气，比如生意兴隆、事业发达或者官运亨通。清福是生活的停顿，例如到海边吹吹风，悠然自得。

我们的很多痛苦就在于想洪福。在打拼事业的时候，满脑子都想着海边的小镇，想去享两天清福。但真的让我们享两天清福，我们又想自己为什么没挣钱，得赶紧回去打拼，不能松懈。这就是人们纠结的地方，如果不能解决这个纠结的问题，幸福的能力是无法提高的。

希望《幸福的方法》能帮你在不幸福的感受中破局，用幸福的思维方式给生活带来改变。

Reading for a lifetime

《正念的奇迹》：让焦虑自然消散

面对生活中层出不穷的状况和内心的焦虑，大家一般会用哪些办法消除焦虑？

比如，听音乐，看有喜感的电影，或者去唱歌，去弹《命运交响曲》，或者去旅游……

读完《正念的奇迹》后，当我焦虑的时候，我就会观照自己内心的焦虑。这会让我消除痛苦，找回当下。

活在当下是有方法的，这不是通过所谓的"磨炼"就能够做到的。不掌握方法，你就永远都不知道该如何面对自己的负面情绪。

《正念的奇迹》中有这样一句话："人们通常认为在水上或在稀薄的空气中行走才是奇迹，但是我觉得真正的奇迹，既不是在水上行走，也不是在稀薄的空气中行走，而是在大地上行走。"所有的一切，都是奇迹。

你每天能够呼出一口气，还能够吸进来，就是一个奇迹。

当你能够把注意力放在自己的一呼一吸之间，能明显觉知到自己身体的状况时，这个状态叫作"正念"，这是人生最重要的奇迹。

理解了这个正念的奇迹以后，人世中各种烦扰的情绪就只是一些表象的东西。很多年轻人不理解"空"的概念，空不是没有，空的核心含义叫作"法无自性"——一个东西没有它确定的本性。

比如，桌子一定是张桌子吗？此刻，因缘和合，它是张桌子。过两年，如果它因缘消散，被劈成柴，然后烧成灰，成为泥土的一部分，或者被动物吃下去，它又变成了另外一种状态。

如果一个人能够参透外在的一切是空的，是没有自性的，他会发现唯一实在的、自己可以去关注的东西，就是心里的起心动念。

焦虑的时候去观察它，焦虑就会逐渐地、自然地消散。

痛苦的根源在哪里

《正念的奇迹》的作者一行禅师是留在法国的越南人，他将非暴力反战的立场本身与救助战争受难者结合起来。即使被放逐，他也在继续寻求其他国家对越南的援助，成为非暴力支持越南停战的一股力量。他在法国建立起一个社区，叫作梅村。在那里，人们用卖梅子的收入帮助越南饥饿的孩童。梅村每年夏天都会开放，接收来自世界各地希望在那里修习一个月正念禅的访客。

《正念的奇迹》原本是一行禅师用越南文写给自己朋友的一封长信。它的特别之处是能够让所有读者都可以立即开启正念的练习。

书的开篇讲了一个场景，年轻人艾伦和苏组建了一个家庭，他们有一个7岁的儿子乔伊，还有了一个小宝宝安娜。艾伦已经好几个星期没有睡过好觉了，他得照顾妻子苏，还得照看宝宝，有时候一个晚上要起来两三次。

我相信很多妈妈或者爸爸都会觉得，有了孩子之后，孩子占用了自己很多时间。

艾伦与一行禅师的对话，就是在分享他对时间的感受。艾伦说："……以前，我把时间分割成好几个部分，一部分陪乔伊，一部分陪苏，一部分给安娜，另一部分拿来做家务。剩下的时间是我自己的——我可以读书，写文章，作研究，或者去散散步。

"但是现在,我试着不再去分割时间。我把陪乔伊和苏的时间,也当作我自己的时间。为乔伊辅导家庭作业时,我想办法把他的时间看作是我自己的:我和他一起做作业,感受他的存在,并且想办法让自己对我们在那段时间里做的事感兴趣。我和苏在一起也是如此。结果,不可思议的是,现在我有了无限的时间给自己。"

事实上,正念的方法就是,你在陪孩子的时候,就专注于孩子。孩子休息了,你要工作了,就专注地工作。你在陪老婆逛街的时候,也能知道这就是你现在的生活。

一切的处境下,你都该保持正念。

接下来,书中写到了"洗碗就是洗碗"。

有一次,一大群朋友来我家。大家聊天、喝茶、看电影,有朋友催促我"快点儿来"。这时候,我正在洗碗。我心中希望能赶紧洗完,有油不好洗,我就很烦,滴很多的洗洁精,结果又要用很多水冲掉。

我没有享受,我在期待着它早点儿结束,但事实上,洗碗的这个过程也是人生的一部分。

心中对此产生了焦虑和痛苦,就可以不洗碗了吗?

因缘注定这个夜晚的这段时间我要在这里洗碗,所以就要保持正念。因此,我们洗碗的时候,就应该心中只有洗碗。

书中有这样一句话:"洗碗时,应该对'正在洗碗'这个事实保持全然的觉知。"

保持全然的觉知,就能觉知到自己的心念与动作,比如感受手摸过碗边的时候,碗正在变得越来越光滑。

如果你洗碗的时候,满心想着接下来要去喝的那杯茶,或者说想赶紧加入朋友们的聊天,抑或是赶紧去看一部喜欢的电影,就会急急忙忙地要把碗洗完,好像它们很令人厌恶似的,洗碗本身就变成了一件令人厌恶的事情。

你给自己的人生创造了一件令人厌恶的事情,而这件事情实际上是你人生的一部分。

洗碗是一种很简单的修炼，吃饭同样是一种修炼。《中庸》说"人莫不饮食也，鲜能知味也"。意思是：人们都需要吃饭，但一个东西的味道到底怎样，很少有人知道。因为我们吃饭的时候，在想吃完了去哪儿、要干什么、别耽误事情。还有的时候，我们本来想享受大餐，可大餐上桌，我们做的第一件事就是拍照，要给大家秀一下。

一行禅师在美国有一个密友叫吉姆。有一次，他们两人一起在美国旅行。他们坐在一棵树下，分吃一个橘子。吉姆吃的时候掰了一瓣橘子放进嘴里，在还没有开始吃之前，又掰好另一瓣准备送入口中。一行禅师说："你应该把含在嘴里的那瓣橘子吃了。"吉姆这才惊觉自己正在做什么。

此前，他没有处在正念的状态，当他专注于吃橘子的每一瓣时，才叫真正的吃橘子。

吉姆后来因为参与反战运动入狱，一行禅师担心吉姆不能容忍监狱的四面高墙，于是写了一封简短的信给他："还记得我们一起分享的那个橘子吗？你在那里的生活就像那个橘子。吃了它，与它合为一体。明天，一切都会过去。"

换个角度想，坐在监狱里和坐在外面似乎有特别大的区别，坐在监狱里，哪儿都去不了，觉得被束缚了，很痛苦，但"坐"这个行为有区别吗？事实上，没有多大的区别。

一行禅师提醒吉姆的是，在监狱的时候，想一想当年一起吃的那个橘子，专注当下。

遇到任何问题都要让自己的身心收敛到体内，让自己专注当下很重要。

我有一次坐飞机碰到国内一位非常知名的企业家。我当时在看《金刚经》，他觉得很奇怪，问："小伙子，你这么年轻，为什么看这本书？"

我问他："您认为人生最大的痛苦是什么？"

他说："人生最大的痛苦，可能就是一个人永远都找不到自己想要的东西。"

这位企业家在大众看来已经是非常成功的人了，可他依然想要一个东西却得不到，这叫作"求不得苦"。

我说这不是最大的痛苦，他就问我："那你说什么是最大的痛苦？"我说："人生最大的痛苦，就是你认为自己不应该有痛苦的痛苦。"

在生活中，如果令人痛苦的事发生在别人身上，你会觉得很戏剧化。比如别人失恋了，你不会觉得整个世界都暗了，你不痛苦，你还会劝别人，说新的机会来了。但是，如果你自己失恋了，你一定不会如此释然。

你认为自己和别人不一样，不应该承受这样的痛苦。你想让自己把这种痛苦尽快控制住，然后消除掉。其实，最好的方法是你能够保持正念。你会发现这只是一段经历而已，你能够感受到你此刻的存在，这和你在其他任何地方所感受到的自我是一回事。

修习正念就要知道，生活中的时时刻刻都可以成为你修行的机会，而不是只有在禅修的时候。

有时候，大家发的微信内容是"再坚持3天，就放假了"，这种微信只会让人变得更加痛苦、焦虑。其实过节的时候，人未必真的开心。有人本来想有一次很好的旅行，结果途中跟男朋友吵架了，吵得一塌糊涂，根本不享受。还有人陪孩子，陪了半个月，最后几天感觉累晕了。

每个东西都未必有一个自性，比如某种感受一定叫快乐，某种感受一定就叫痛苦，是我们自己的"分别心"赋予了它们这样的概念。

如果一个人天然地认为跟孩子在一起比工作有意思，那他不论从事什么工作，都有可能会感到痛苦。

我在给别人讲书的时候，知道这是我人生中注定的一天，无论焦虑不焦虑，这一天我都要这样度过，我就会好好享受，体会上课的感受，将整个人都交付在此时此刻。如果我讲课的时候总是想着家里的孩子，想着自己如果能陪他玩该有多好，那么我就会产生焦虑，什么也做不好。

有的销售人士一直不开单，回到家陪孩子的时候，总想着自己最近好久没挣钱了，得赶紧出去挣钱，他会被内心的焦虑感所折磨。

在生活中修习正念

如何修习正念？

一行禅师的答案是：专注于工作，保持警觉和清醒，准备好应对任何可能发生的状况，随机应变。这就是正念。

有一句越南民谣这么唱："最难莫过于在家修道，其次是在人群中，再次是在寺庙里。"在家里，打破正念的东西太多了，有太多的东西牵着你：影视剧开播了，小孩子又哭了……各种各样的事会出现，所以把工作和修行分开，是很难实现的。

一行禅师提到了一些简单的修习正念的方法，一种是数呼吸。

这是一种有觉知的呼吸：吸气，在心里数"1"，呼气，在心里数"1"；再吸气，在心里数"2"，呼气，在心里数"2"。这样一直数到"10"，然后再从"1"开始。

在持续觉知呼吸的过程中，这个练习只是起点。可是如果没有正念，你很快就会数错。忘了数到哪里时，只需要回到"1"，然后继续，直到你能够保持正确的计数。一旦可以真正专注地数，你就已经达到了某种水平。此时，你就可以丢掉这种方法，只专注于呼吸本身。

还有一个修炼的方法是：一举一动都是仪式。

一行禅师说，如果每个人每天禅修1小时，当然很好，但那是远远不够的。你还要学会在行、住、坐、卧以及工作时，甚至在洗手、洗碗、拖地、喝茶、和朋友聊天时，都练习正念。

有这样一个故事。师父悟道后，徒弟问："悟道了以后有什么不一样？平时都做些什么？"

师父说："我悟道了以后就是饥来吃饭，困来眠。"

徒弟说："我也是饥了就吃饭，困了就睡觉，那为什么我就没悟道呢？"

师父说："咱们都是饥来吃饭，困来眠，但我是该吃就吃，该睡就睡，随遇而安，随处可栖。你呢，心中多了分别和选择。"

有一句话叫"至道无难，唯嫌拣择"。分别心滋生了痛苦。

有的人习得了这样的淡定和平静，也就看淡了很多事情，变得没有什么追求了。

其实，这就像是我们对"中庸"的一种误解。很多人理解中庸，说中庸是"差不多就行了"。这个概念不对，中庸是一个特别难达到的境界。孔子说："中庸其难哉。"孔子修炼了一辈子，都很难做到中庸。

在我个人的解读里，中庸的意思是合适的极致，你能够把合适这件事做到极致、做到最合适，这才叫作"中庸"。

当你能够无分别心，把自己的状态修炼到一种境界的时候，其实你的人生还有着大把可以追求的东西。

正念帮你摆脱了社会的惯性。人们总是追求的东西太多，被社会的惯性所操控。不知不觉中，别人就成了我们自己。别人住大房子，别人赚很多钱，别人买好车……我们也得这样。

当一切物质都有了的时候，我们又在向往绝对化的自由。其实，真正的自由不是为所欲为。一个人为所欲为的时候，恰恰是他最不自由的时候，因为他被情绪控制着，是自己情绪的奴隶。

怎样才能摆脱社会的惯性，不被情绪带着走？最好的方法就是把正念调动出来，让自己时刻处在正念的状态之下。

当能够把周围的一切东西放下时，你会发现外在的纷纷扰扰都只是外在的幻想，是空的、没有自性的。一件很坏的事，在若干年以后，回过头来看却是一件好事。

一行禅师提出，你可以给自己安排一个正念日，让一周里有一天属于自己。

起床的时候告诉自己，慢慢起，借由每一个动作来滋养正念。起床后，刷牙、洗脸，平静而放松地做所有早上的事情，在正念中完成每一个动作。

花半小时慢慢地洗澡，洗完澡，你可以做家务，例如洗碗、打扫、擦桌子、拖厨房的地板，或整理书架上的书。不论做哪一样，都轻松、从容地做，安住在正念中。

刚开始修习正念的人，最好在正念日一直保持沉默。这不意味着你一句话不能说，你可以聊天，甚至唱歌，但无论是聊天还是唱歌，都要对你正在说什么、唱什么，保持全然的正念，并且尽量少说或少唱。

拥有正念的人，依然可以生气。只是生气的时候，要知道自己此刻正在生气。如果没有觉察到这一点，任由生气的情绪带动着自己去生气，就永远停不下来。必须能够面对我们的痛苦，还要像照顾自己的孩子一样，慢慢地照顾负面情绪。

出现负面情绪的时候，你压制它，跟它吵架，或者被它控制，跟它打架，都会让你出问题。你要观照它，说"我又生气了""我又嫉妒了"，然后回到正念。

苏格拉底被判处死刑之后，有惊人之语："（现在）分手的时候到了，我去死，你们去活。谁的去路好，只有天知道。"

这是很伟大的看待生死的态度。一行禅师也是如此，他很轻松地展现了一个普通人难以企及的高度。他说，生和死是生命的两面，没有它们，生命不可能存在，就像一个铜板必须有两面才能存在一样。只有在当下，我们才可能超越生死，才可能知道怎样去活，怎样去死。他的修为很高，他轻松地写一些与生活相关的文字，你就会觉得他境界高远。

正念之行路漫漫

书中有这样一段文字：

有人说，如果以佛教徒的角度看实相，你会变得悲观。但是悲观或乐观的想法都太简化了真理。重点是实相真正呈现出来的样子。悲观的态度，永远不会让安详的微笑绽放，那是浮现在菩萨和其他

证道者唇边的微笑。

这段话，讲到如果你持悲观态度的话，你的微笑永远不可能安详。浮现在菩萨和其他证道者唇边的微笑，才是真正安详的微笑。

就是无所谓悲观和乐观，最重要的是修炼，保持正念的状态就好了。

在修习正念的时候，各种念头都可能出现，重要的是要意识到它们的存在。无论何时，当善念生起的时候，要意识到自己心中生起了一个善念。当恶念生起时，也要意识到自己心中生起了一个恶念。不必执着，或者试图消除它、躲避它、憎恨它。

当你意识到它，知道自己已经离开了正念，一旦有这样的觉知，就没有什么好害怕的了。任何事的发生，都随它来，随它去。

西方文化中讲："什么叫作我？我是我的观察者。"当你能够找到那个自我的观察者的时候，其实就是在修炼自己的正念。我们都是自己的观察者。

禅宗讲"当头棒喝，主人翁何在"。意思是，现在做主的那个人是你吗？现在你体内做主的那个人是你吗？

比如在实际工作中，做电视节目的人，工作强度很大，总是感觉很焦虑。正念可以帮助一个人有一种豁然开朗的感觉，让人学会把持住自己的内心，无论在做什么事。哪怕某个电视嘉宾出现了很大的问题，先关注这个问题，而不是关注这个问题出现了之后，会造成什么样的结果。如此一来，内心就会变平静，反而有助于问题的解决，就能形成一个良性循环。

一个人要做很多事，很难都做到的时候，最好是把能做到的事先做了，做到最好。逐渐地，各种各样的事也就能做好了。

与人接触时，当自己的分别心生起来的时候，要知道自己生起了分别心，这样分别心就会减弱。

偶尔遇到一些事情的时候，我也会有那种被人冒犯的感觉，我觉得对方和我说话怎么那么不客气、不友好，也想发作。那一刻，我提醒自己"我好像有分别心了"，我跟别人有多大差别呢？为什么别人可以被这样慢待，我就不行呢？只要想完这个问题，原来的焦虑和痛苦就慢慢消散了。

我把《正念的奇迹》这本书分享给了很多人，我听过很多人跟我讲："樊老师，你讲的这境界太难达到了，这境界太高了，我们达不到。"

正念对我自己有特别大的帮助，但是我同样很难做到永远保持正念。

但是，修炼本身就是一件特别有趣的事，正因为它不容易做到、境界太高了，达不到才值得我们更加努力。

不能够轻易实现的目标，让我觉得修炼真是人生最有趣的一件事情。无论做事业、维护家庭，还是自我学习，我们都可以把它当作一个修炼的过程。你能够时刻体会到自己在修炼的过程中所遇到的困难和挫折，体会它，观照它，观照到自己在退步，观照到自己在进步。这个过程本身，也是正念的奇迹。

Reading for a lifetime

《我战胜了抑郁症》：请记住，你并不孤独

《我战胜了抑郁症》这本书可能会与你发生关联，因为你有可能在生活中接触到抑郁症患者。

我第一次接触抑郁症这个话题，是由于全中国那位著名的抑郁症患者——我的老师崔永元。那时候，我刚刚毕业，到《实话实说》节目组工作。他经常头发蓬乱，在办公室里走来走去，一问就是晚上又没睡觉。他常常连续一个星期晚上都不睡觉。

那时候，我们不知道该怎么帮他。他当时呼吁大家关心抑郁症患者，我那时候以为吃药是最简单的方法。我在社会上工作多年，身边也有朋友得了非常严重的抑郁症。在那之后，我才知道关心抑郁症患者是非常重要的一件事，因为这个远远比仅仅吃药重要得多。

《我战胜了抑郁症》的作者叫格雷姆·考恩，他曾是严重的抑郁症患者。他曾经自杀过4次，最后一次他已经不省人事，后来被他家人救活了。

好在他最终从"黑洞"里找到了适合自己的出路。这本书的特点就是能够更加恳切地站在抑郁症患者的角度，来跟这个社会沟通和交流。

以前，我们有很多错误的认知，一些医生告诉我重度抑郁症是难以痊愈的。

作者在这本书里写道，每次听到那些所谓的"专家"宣布治疗重度抑郁症的唯一"实证"手段就是抗抑郁药物和心理咨询时，他就感到极度不舒服。这两种治疗手段无疑都有效果，但一口咬定所有的治疗方法都由它们组成，那就太荒唐了。

格雷姆·考恩对这些手段都尝试过，但是它们都没有发挥作用。他觉得这些疗法在某种程度上有效，但是对很多人来讲，这还远远不够。

他采访了 4064 名抑郁症患者，从中筛选出了非常具有代表性的 9 个人。这些人都是走出了抑郁症的人，就是严重到出现幻觉、精神分裂，甚至自杀，但是最后他们依然战胜了抑郁症，过上了健康、阳光的生活。

这本书给我们最大的启示，就是一定不要对抑郁症患者放手，不要说没希望了，他们是完全有希望的。

什么是抑郁症

格雷姆·考恩讲到抑郁是一种普遍而常见的情绪体验，每个人都会有情绪不佳的时候，这是抑郁的状态。有抑郁状态不代表有抑郁症，但是有的时候，我们毫无理由地变得情绪低落，在这种心境状态非常严重，持续两周或者更久，影响到我们的正常生活的时候，抑郁症才会被认为是一种疾病。

这里有一些迹象，大家可以看看自己有没有出现这样的状况。

☆自我评价或自我价值感下降。
☆睡眠模式改变，例如失眠或睡眠断断续续。
☆食欲或体重改变。
☆情绪控制能力降低，易激惹或产生罪恶感，或容易陷入悲观、愤怒、焦虑之中。
☆一天之内情绪变化多端，例如，早上起来时心境最恶劣，随着时间的推移慢慢有所好转。

☆体验愉悦感的能力下降——无法欣赏和享受眼前的快乐，对将来没有任何期盼，对各种业余爱好以及能带来快乐的事物失去了兴趣。

（我的老师崔永元当时跟我讲，他说得抑郁症的感觉，就好像一个人在一条黑色的隧道里走路。这种感觉很多抑郁症患者都描述过，就是觉得在里面你根本看不到前面有什么东西，这就非常严重了。）

☆对痛苦的承受力降低——对生理疼痛和心理痛苦的忍耐力下降，对疾病的抵抗力下降，甚至可能因此患上新的疾病。

☆性冲动减少或者消失。

☆注意力很难集中，记忆力减退——有时候会达到让人误认为痴呆的程度。

……

这里值得注意的是，要区分老年人的抑郁症和老年人的智力减退这两种状况。有时候，一个老人反应慢、没动作，生活动力减少，感觉一切毫无意义，没有值得去做的事情，活力水平下降，是因为有抑郁症。

对人们来说，有以上症状出现，就要考虑是否患有抑郁症。

在戈登·帕克的理论体系中，抑郁症被分为3个类型——忧郁型抑郁症、非忧郁型抑郁症、精神病性抑郁症，或许还有第四种非典型性抑郁症。

忧郁型抑郁症，这种是生物性抑郁的典型形式。基本特征是精神运动紊乱，表现为缓慢或者不安的身体活动，思维活动缓慢，反应越来越迟钝。

非忧郁型抑郁症，是由某些突然的事件引发的，比如离婚、家里有亲属离世、孩子叛逆等，或者是经济压力特别大。

精神病性抑郁症，特点是会出现妄想和幻觉。比如，觉得自己变成一个会飞的人，经常想从窗子里飞出去。这是非常要命的。

非典型性抑郁症，它的症状和其他抑郁症正好相反。别的抑郁症患者都会睡不着觉，非典型性抑郁症患者则会嗜睡，怎么都睡不醒。他们的心情也不好，甚至很糟糕。

抑郁症还可以分为两种亚型：单相抑郁或双相情感障碍。前者只会经历抑郁发作，后者还会经历狂躁或者轻狂躁发作。

我有个朋友就是双相情感障碍，就是一个月抑郁，一个月狂躁：一个月抑郁的时候，他一说话就哭，总是难过；下个月突然变得亢奋，就天天锻炼身体，跟别人聊天，通宵不睡觉，每天晚上在家里做家务。

9个抑郁症患者的故事

帕特里克·肯尼迪是美国前总统约翰·肯尼迪的侄子。他的伯父被人谋杀，父亲受"创伤后应激障碍"这种精神障碍的深度影响，妈妈不但深受严重抑郁症的折磨，还被酗酒、恶心困扰。

他父亲在1980年竞选美国总统时，面临着很确定的威胁，衣橱里总有一件防弹衣。全家都小心谨慎，家庭中的抑郁症问题，就是房间里的一头大象，每个人都不知道该如何正确地面对它。

帕特里克·肯尼迪年轻时开始接触大麻、可卡因和酒精。有时候，他可以每天睡十四五个小时，有时候又精力充沛，觉得自己不需要睡眠。

有一天，他的室友把他的故事卖给了《国家询问报》。当他某天走到当地一家杂货店的时候，发现封面上竟然是他的照片，上面印着大大的标题——"帕特里克是个瘾君子"。他当时就崩溃了，整个人躲在自己的世界里不敢出来，感觉非常羞耻。

后来，他遇到了一个小饭馆的老板弗兰克。弗兰克与他成了忘年交，并且向他表达了特别多的理解和同情。对于杂志事件，老人家说："那个鼠辈，怎敢把别人的私事说出去？！"在弗兰克看来，如果帕特里克·肯尼迪有"问题"，那它们就应该是隐私，不应该被说出去。

弗兰克是帕特里克·肯尼迪情感的支柱，也是他政治生命的支柱。帕特里克·肯尼迪后来参加了每一场选举,试图用自己的政治力量来推动这个社会的发展。

当他找到人生的意义后,就开始不断地努力。他有时候还会有情绪的起伏,偶尔也会吃一些医生开的处方药,但是他觉得已经好多了。他现在已经完全可以正常地进行工作和生活了,并且推动了整个美国在精神疾病这个问题上的进步。

特丽莎·戈达德是一位黑人女性,她是一个特别知名的节目主持人,被誉为"英国的奥普拉"。

她的婚姻很坎坷。她年轻时在飞机上遇到了一个男人,因为对方对自己的追求很浪漫、很执着,她便嫁给了这个自己根本不了解的男人。于是,第一段婚姻不可避免地结束了。

第二段婚姻让她经历了一次严重的危机和精神崩溃,她发现自己的丈夫和公司的一名雇员有私情。后来,她因为服药过量住进了北方诊所。清醒过来时,她已经身在精神病院。

两次失败的婚姻结束后,她终于遇到了值得自己携手一生的人。她所需要的帮助,在第三任丈夫那里全得到了。

当抑郁症出现的时候会很无助,抑郁症患者不应该把自己一个人困在房间里,而应该更多地去寻求别人的帮助,问问别人能不能听自己倾诉一下。如果抑郁症患者身边没有愿意倾听的朋友,可以去参加那种社群小组,大家在一起,都讲讲自己的故事。

这位黑人女性,童年还受到过严重的伤害:她的父亲经常毒打她,他并不是她的亲生父亲,而是她的养父,她一直都不知道,直到成年;她的妹妹也有精神分裂。她自己的感受是,对很多人而言,抑郁症意味着头不梳、脸不洗,待在一个黑暗的角落什么都不做。事实上,在商业领域,抑郁症往往会表现为以非常快的节奏工作,风风火火地跑来跑去。

她得以康复的一部分原因是采用了放松疗法,她说这让她学会了沉默和静止,并知道了有一种做事的方式叫作"无为",这种方式不会让人因为什么都没做就心生恐慌。

阿拉斯泰尔·坎贝尔是英国前首相布莱尔的首席顾问,他是个非常耀眼的政治明星。抑郁症发作时,他在一个公开场合,突然把口袋里的东西全部掏出来扔在地上,然后又去清空自己的背包。到了警察局后,他脱光了自己的衣服,到处乱跑乱敲,还在墙上乱写乱画。

阿拉斯泰尔·坎贝尔走出抑郁症的方法是果断戒酒,因为他的工作压力很大,此前经常需要借酒消愁,他后来把酒彻底戒了。戒酒之后,身体就会自由很多。接下来,他做了很有意义的事——逼迫自己必须出门见人,还做了很多以前从来没有做过的事。虽然是不挣钱的事情,却能给他带来成就感。

第四位是洛拉·因曼,她也是非常严重的抑郁症患者。她讲述了抑郁症来临时的感受:生活本来像一艘在海平面上平静航行的船,一切都顺利极了,可是突然有一片乌云停留在她的头上,就是那么猝不及防;第二天,她就会在对未来的可怕预感中醒来,惶惶不安、绝望、孤独,而且充满了恐惧。

洛拉·因曼患有产后抑郁症。樊登读书会的一名会员是著名的心理医生,他告诉我,患产后抑郁症最重要的原因是女性在生产完的那一刻,体内的激素水平陡然下降。怀孕期间,女人虽然很辛苦,挺着大肚子走来走去很累,但精神状态很亢奋,因为她体内的激素水平很高,所以很愉快。但是,孩子生出来的那一刻,女人体内的激素水平会有一个断崖式下降。如果男人的激素水平产生了这样断崖式的下降,可能直接就去自杀了,根本就活不下去。但是,女性特别坚强,能够在激素这么大幅下降的时候活下来,养育孩子。产后抑郁症患者的特征是看着刚出生的孩子,觉得这孩子太小了,怎么能够养大,完全绝望于对这个孩子的抚养中。如果家人对她冷言冷语,再吵两句嘴,这位女性的抑郁症就有可能非常严重。有一则新闻是一位女性患有产后抑郁症,和老公吵架后,就抱着孩子从楼上跳了下去,自杀了。

产后抑郁症对一个女人来讲，是非常大的威胁。洛拉·因曼本身是研究精神问题的专家，但是她产后出现了严重的抑郁症。后来，她去看病，有的医生给她开的药特别多，她的情况却越来越糟糕。

洛拉·因曼的建议是，治疗抑郁症一定要找到一个好的医生。这个医生不会轻易给你下结论，而是能够理解你的状况，站在你的角度思考你的病情，给出一些适量的药，还会鼓励你，告诉你一些药物之外的疗法，而不是直接让你吃药、接受电击。吃药和接受电击能够在一定程度上缓解抑郁症，但问题是它们的副作用很大，作用也有限。

鲍勃·布尔斯汀是谷歌公共政策部门的主管。他非常有才华，为克林顿政府效力长达7年之久，扮演着总统国家安全演讲稿撰稿人的角色。他会把自己的病情告诉身边的同事，告诉他们自己万一病情再次发作会怎样。

在他看来，告知真相是为了尊重同事，也是为了自己——一种自我保护。

当你告诉别人以后，能够得到别人的谅解。这时候，如果你出现了一点点症状，别人甚至会帮你调整。

鲍勃抑郁的时候，话特别多，到处发表演讲，对身边发生的所有事情的反应都比正常状态下兴奋。其实，那是双相情感障碍。然后，他进入了狂躁状态。他开始幻想一些奇怪的事，幻想自己能够飞。后来，他的家人只好把他送去医院。

他最终通过不断地适应压力、调整节奏，以及与别人沟通交流、加强体育锻炼，找回了精神健康。

第六位是曾经在美国网球排名第一的选手，叫克利夫·里奇。

他生活在网球世家，他的父母都是打网球的。他一直认为，打网球就是自己的人生选择。他高中就辍学了，开始练习打网球，后来真的打到了全美排名第一。

他的成绩不错，但是他丝毫感受不到快乐。竞技体育让他感到压抑，因为他的生活太简单了，每天不是赢就是输。不管赢了多少场，还是会担心自己面临输的那一场。

真正能够在顶峰时期辉煌退出的运动员是非常少的。

他的压力非常大,他得了严重的抑郁症,还伴生了很多身体疾病,甚至曾经一度放弃过自己的生活。

后来,他靠着感恩生活才逐渐回到生活的正轨。他每天记录自己在生活中值得感恩的一切,还通过写日记来辅助心理治疗。

詹尼弗·莫耶是一个产后精神病患者。在某些方面,产后精神病和产后抑郁症很相似,但是更为罕见,而且有可能危及生命。除此之外,她有双相情感障碍。

有一次,她在飞机场,他们的车开过一个机场跑道的时候,她突然要求丈夫停车。丈夫不想停车,但是开得很慢。她就一个人从厢式货车上跳了下去,跑到机场的跑道上——双相情感障碍发作了。最后,她被警察抓了回来——她丈夫报了警,并且叫了医生。她通过家人的支持和定期锻炼来保持病情稳定,并努力恢复正常的生活。

格雷格·蒙哥马利以前是美国国家橄榄球联盟的专业运动员,他与克利夫·里奇的情况非常像,因为他们都是职业运动员。蒙哥马利在一个赛季中,后背下方受了伤,再也不能参加有身体接触的体育项目了。

既然不能跟别人发生身体碰撞,他就在橄榄球比赛中找到了另一个位置,叫弃踢手。他苦练这个,成为全美国最有名的弃踢手,继续活跃在橄榄球的赛场上,确实也赚了很多钱。他用这些钱投资开了酒吧,每天晚上喝酒、吸毒,让自己显得非常开心。但是,他的身体状况越来越糟糕,抑郁症的症状也越来越严重。到最后,他的酒吧一间一间地关掉,生意越来越差。

没有一个良好的心理支撑的话,他是难以活出幸福生活的,就算再有钱,也难以保证生活的品质。

他的方法是承认自己有抑郁症,然后配合治疗,选择健康的生活方式,把饮食调整好，交一群能够跟他分享的朋友，用正念的疗法推动自己成长。

第九位则是作者自己，书中讲述了他是如何战胜抑郁症的故事。

这样战胜抑郁症

格雷姆·考恩，也就是这本书的作者，他分析了自己是怎样走出抑郁症的。

他的经验是找到3个路径：排在第一位的是生活的活力，因为抑郁症患者最显著的特征，就是没有活力了，觉得整个生活没劲儿，所以第一个是要把活力激发出来；第二个是成就，就是作为一个抑郁症患者，得做一些事，要想想自己能够获得哪些职业成就；第三个是亲密，就是得有很多社会支撑，有一些人愿意帮自己。

把这3件事做好了，抑郁症患者就容易从抑郁症的困境中走出来。

关于活力，作者说活力包括锻炼、饮食有营养、冥想、药物治疗、休闲娱乐和睡眠。这其实是非常重要的养生之道。作者在决定要治疗抑郁症的时候，下定决心每天至少要坚持散步30分钟。以前是每周有4天出去散步，后来延长到了6天。每周散步6天对一个抑郁症患者来讲是非常大的挑战。

饮食方面，蔬菜、水果、坚果以及谷物类占的比重达到了85%，再加一些鱼类和少量的肉类、蛋类和奶制品。

他还参加了一些冥想的课程。

随着在养生方面做得越来越好，他的身体恢复了。

关于亲密，他有一个很重要的原则叫"6小时原则"。就是每天平均花6小时用于社会交往的人，幸福感最高。包括与工作伙伴沟通、与家人交流、与朋友聊天，还有电话联系、发电子邮件、通过社会化媒体进行互动等。

整天看微信的人，有时候也有一些好处。比如，在微信上跟别人聊天，好过在微信上看小电影，这是不一样的交流方式。

有一些工作易导致人出现精神问题，比如有关基金、股票类的工作。这些行业的从业者赚钱很多，易出现精神问题可能与这种工作不跟别人打交道有关。一个人要不断地增加和他人的互动，要走出家门，多去参加活动。在樊登读书会，多参加一些我们的线下活动：跟别的书友交流交流，一块儿看看电影、野营、野炊等。这些都能够提高幸福感。

在美国，比较常见的是参加一些抑郁症患者组成的互助小组。

关于成就，作者经过一番探究后，认为一件事情能够激发自己更强烈的热情，完成后，才会有成就感。

每个人做事最重要的动力来自自己愿意做，觉得这件事能给这个社会带来正向的改变。千万不要只是为了钱去工作，一个人如果工作只是为了钱，他很快就会丧失动力，并且会觉得特别痛苦，认为自己特别委屈。

相信自己所做的工作对这个社会是有帮助的，这是非常重要的。

所有被采访的人都说到了这一点，就是找到一个有意义的工作。作者说有一件事情能够激发他更强烈的热情，就是以真实的人生经历为基础，写一本关于如何战胜逆境和抑郁症的书。这种清晰有力的目标感，帮助他更大程度地发挥自己的作用。

这个愿景并不远大，并不是一个特别难以实现的愿景，就是写一本书而已。为了写这么一本书，他就有可能活下来，这就是找到了人生的方向和目标。

一位朋友曾经告诉我有一种自杀干预，比如有一个人要自杀，他站在楼上要跳楼。怎么让这个人不跳楼呢？有很多人说："想想你的女儿，想想你的家人，他们都在看着你。"他听完就跳了，因为别人越跟他说家里人的期望，他越会觉得有负罪感，就只能赶快跟他们说"拜拜"了。

有位心理专家这样说："自杀干预的时候，你要告诉他那个后果。让他知道跳下去是很难看的，还有可能半天都死不了，是非常痛苦的。"你要让他想到这个糟糕的结局。他说那他不跳了，他上吊去。你就告诉他，上吊会有30多分钟的挣扎和痛苦。他说那他割腕自杀，你就告诉他，割腕自杀2小时都死不了，这是有数据的。对方最后说："我朝脑袋开一枪。"你说："行，去吧。"

为什么这一条就说行了呢？因为他找不着枪，在找枪的过程中，他就找到了生活的意义。他终于有一件事可干了，他的目标是要找到一把枪。这件事就给他带来了一个阶段内生活的意义，就有可能活下去。

当然，若真的遇到这样的情况，还是需要专业人士根据现场来解决。我举这个例子是要告诉大家，抑郁症患者找到一个意义是多么重要。哪怕这个意义非常小，他也会马上觉得人生变得不同。

这本书还讲到目前关于抑郁症的研究局限的问题，就是很多精神科的医生说，治疗抑郁症最重要的方法就是吃药，原因是医疗机构要赚钱。不是说这个医生存心为了赚钱耽误病人，而是医疗机构在做科学研究的时候，就已经倾向于要推荐药物和医院的治疗了。

很多科研论文写出来的结果已经把人们引向了那些能够带来收益的治疗方法，而不是那些不能带来收益的治疗方法。比如，鼓励患者跟别人多聊一聊、多锻炼，这当然是有效的，但是他们不强调，因为这些没法进入学术论文。它们并没有得到资助，并不是专家们所表达的东西。

斯坦福大学医学院斯坦福预防研究中心主任约翰·约阿尼迪斯对发表在一些权威期刊上用于同行评审的数百篇研究论文做了筛选，发现其中 66% 的论文所表达的观点最后被证明是错误的，或者夸大了最终的结果。

我愿意给大家推荐这本《我战胜了抑郁症》，因为书中出现的人虽然不是专家，但他们是亲历抑郁症的患者，有一些自己的经验，也许会帮到别人。

格雷姆·考恩调查了一些与抑郁症以及双相情感障碍抗争过的人。结合 250 份完整的调查报告，他总结出 11 个最有效的疗法，并按照其所起作用的大小排列如下。

第一个是锻炼身体。

当你能够做有氧运动，尤其是户外的有氧运动的时候，你会发现，你的多巴胺和去甲肾上腺素的分泌会增加。这时候，你会变得更加愉快。

第二个是拥有家人和朋友的支持。

有一位教授患有抑郁症，他每天不爱说话，总在忙。他老伴就带他去医院看病，医生诊断为抑郁症，说得赶紧吃药。

他老伴就问他身体有没有问题，医生说身体没病，挺好的。他老伴说："情绪不好，身体又没病，干吗要吃药？"然后就把教授带回家了。

有一天，我们正上课的时候，那位教授当着全校人的面从图书馆的顶楼跳了下去。

抑郁症患者的家人一定要明白这件事，就是当身边的人已经出现了我们前面说的那么多严重的状况的时候，要警醒这会不会是抑郁症。

我有一位患抑郁症的朋友，出现情绪崩溃的状况以后，周围还有很多人说，劝一劝他就好了，我当时坚持说必须让他去医院。把他送到了专业的医院，进行住院治疗。

医生说，要是再晚送一个星期，他肯定会死的，因为他连续几个星期不睡觉，体内的器官都已经开始衰竭了。当时，其他人还认为他精神亢奋，所以他睡不着觉。我们不把睡不着觉当作病，这是最大的问题。

家人和朋友的支持至关重要，前提是建立在家人和朋友要了解抑郁症这件事上，不要讳疾忌医。这跟感冒是一样的，如果不治，它也可能会变成肺炎，甚至还会要命。如果不治疗抑郁症，它就有很高的自杀率，让人陷入危险的境地。

第三个是接受心理咨询和治疗，这是被证明有效的方法。去找专业的医生治疗，但是如果这个医生让你不舒服，你一定要换医生，直至找到一个令你满意的医生。

第四个是从事有意义且令人满足的工作。我有一个朋友，原本是很忙碌的人，有一天他突然对我说他辞职了，开始从事养生、保健工作。他经常带大家出去修炼、打太极拳……现在，他精神愉悦，人也很放松。他觉得之前的工作一点儿都不幸福，不幸福的工作会让他丧命。他通过调整工作，干了一个自己真心喜欢的工作，让人生变得不一样，这也是非常有效的方法。

我做了樊登读书会这件事以后，对生活的满意度提高了很多。

讲每一本书，我都能想象得到，有人听了这本书会发生改变，就包括我们后面会讲到的《这书能让你戒烟》。因为我不抽烟，所以我其实并不确信，只不过我们有同事真的戒烟了，所以我就讲了那本书。

讲完以后，很多书友给我们反馈，说真的戒烟了，甚至有人在群里说，他只要坚持一天，就给大家发红包。他不是像过去那样着急地、痛苦地戒烟，而是在很开心的状态下发红包。还有人组成戒烟的群，大家一起轻松、愉快地戒烟，不需要调动意志力。

当你的工作能够给社会带来改变，让很多人的生活变得愉快的时候，你的心情自然就好了。

第五个是放松和冥想，这是一定有效的。你可以买一个磬，敲击它。一敲，你的耳朵就跟随着那个声音，一直到那个声音没有。只需要这么引导一下，你就进入了正念的状态，让自己的念头回归到了当下。

当你偶尔心烦的时候，只要敲一下，你的情绪马上就会停下来，这就是很简单的冥想方法。

当然，还可以很专业——去参加专门的冥想班和正念训练班，我们在精神上投资自己是值得的。

第六个是保持充足的营养。我们需要吃鱼、牛油果、坚果、浆果等，这些东西都会给我们带来充足的营养。

第七个是远离酒精和毒品。酒精和毒品在短期内能够让你很亢奋，但这是一种饮鸩止渴的方法，而且会使你需求的阈值变得越来越高。

比如，你以前喝二两酒，就会觉得很愉快，身心很放松，但当你喝半年以后，会发现二两酒不够了，需要喝四两酒。而且，用这种方法来满足自己，你的自我评价会越来越低。

第八个是服用处方药。这是被证明有效的方法。

这里强调的是处方药，千万不要乱吃药，一定要去找专业的医生开药，而且首先要学会区分抑郁和焦虑的症状。有些医生有时候也区分不了，抑郁和焦虑特别像，都会出现易哭、发飙、生气、不愿意社交等状况。

这两种病如果用错了药，治疗效果就是完全相反的。那么，怎样区分抑郁和焦虑的症状呢？

我的一个朋友给了我一个"不传之秘",是她自己琢磨出来的,特别管用。她说抑郁症和焦虑症患者,最重要的区别在于抑郁症的人想死,焦虑症的人怕死。判断一个人是抑郁还是焦虑,要看他有没有生活的欲望。不想活了,走到窗边就老想往上凑的,就是抑郁。如果他整天担心、发脾气,只是因为害怕自己受伤、害怕死亡,那就是焦虑。

第九个是参加互助小组。如果没有的话,可以组织一个,现在组群很方便。组一个这样的小组,能够找到心理方面的专业人士当然更好,如果没有,大家可以说出自己的想法,有一个倾诉的空间,彼此理解和鼓励,这对身体的恢复也会有很大的好处。

第十个是拥有宗教和精神信仰。当你有了精神信仰之后,精神压力就会减轻。

最后一个是投身慈善事业。投身慈善事业所带来的最大好处是,它能够给你带来生活的意义和价值。

以上11个方法是被证明有效的方法,可以再浓缩成5个主题。

第一个是情感支持或者同情。

家人的同情、圈子的同情、工作上的同情,以及互助小组的同情。

第二个是心理治疗。

住院、找医生咨询都是专业的方法。

第三个是养生。

别喝酒、别吸毒、锻炼身体、吃得营养、健康、按时睡觉。

第四个是有意义的工作。

不要干一些自己特别不爱干的事。跟生命比起来,一份让你不开心的工作,所赚的薪水没有那么重要。

第五个就是服用处方药。

书里有一个抑郁症患者自愈的疗法,叫作"CARE",每个字母代表着一个行动。

C 是 compassion——同情与情感支持。你可以告诉别人，你怀疑自己有抑郁症，现在经常睡不着觉，还会经常难过，看到一些莫名其妙的事都会哭。你要告诉大家，然后去寻找别人的同情与情感支持。

这里的同情不是我们日常讲的"同情"，而是指一个人能够理解你、愿意帮助你。这个人有时候是身边的人，有时候不是，因为在这个社会上有两种支持，一种叫紧密的关系支持，另一种叫疏远的关系支持。有时候，你会发现，那些疏远的关系支持所带来的效果会比亲密的更好，因为亲密的人有时候会忽略你。他会认为没关系，不要紧的，不会认为这是多么严重的事。但是，你找一个稍微远一点儿的人倾诉的时候，他会特别认真，觉得你既然去找他，他就要特别认真地对待。所以，你可以找一些信得过的、距离上恰到好处的朋友。

A 是 accessing，就是接触精神健康领域的优秀专家。你得去求医问药，去做专业的咨询。

R 是 revitalizing，你需要寻找一份能够给你带来新生的工作。但是，有人说他不能辞职，他的工作还挺重要的，那就用业余时间找一份能够带来新生的工作。

樊登读书会的很多书友，其实就是在用帮别人读书的方法来改变自己的生活。他们并没有辞掉自己的工作，但是他们愿意分享读书的精神，愿意让别人加入，愿意给别人讲书。这时候，你会发现他们给生活找到了新的意义。

E 是 exercising，就是加强日常锻炼，这是可以长期做的一件事。

总体来讲，抑郁症不是一个不可战胜的东西。

本书带给我们的启示，就是不要让抑郁症患者觉得他们是孤独的。让我们一起学习和了解更多的知识，我相信一定能帮助更多的人走出抑郁的阴霾，让我们共同迎接灿烂的阳光。

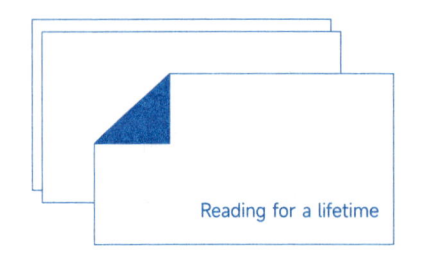

《我的情绪为何总被他人左右》：让情绪自由

《我的情绪为何总被他人左右》，这个书名非常吸引人。

读书会分享过很多不错的书，例如《关键对话》《第3选择》《如何培养孩子的社会能力》。在生活中实践这些书中的理念，都涉及一个特别重要的步骤，就是你自己不能急。你一旦急了、生气了，就会发现后边的连续动作都做不出来了。

怎样掌控好自己的情绪，让自己不轻易被别人牵着鼻子走，这是一门特别重要的学问。

《我的情绪为何总被他人左右》把这关键性的一步放大了，它告诉我们怎样能够控制好自己，不被外在的环境所牵制。

本书有两位作者，其中，阿尔伯特·埃利斯在心理学历史上非常重要。在美国，著名行为心理学家的前三名中，他排第二，第一位是卡尔·罗杰斯——人本主义心理学的主要代表人物，第三位比阿尔伯特·埃利斯的名气还大一点儿，叫弗洛伊德。

阿尔伯特·埃利斯创立的理性情绪行为疗法，是中国心理咨询师资格考试必考的疗法之一。他的学术地位很高，全世界学习心理治疗的人都会在教科书上见到他的名字。

世上有四种"情绪病"

《我的情绪为何总被他人左右》把不良情绪分为4种，并且告诉我们这些不良情绪是怎么来的。

第一种叫作"过分烦躁"。我们可以对照一下自己有没有过分烦躁的时候，比如回到家，看到孩子在那儿玩东西，把周围搞得乱七八糟。此时，你心里就有一股莫名的怒火，可能冲孩子大吼一声说："回房间去！"或者："把那儿收拾干净！"

同样的情形如果发生在你心情好的时候，孩子在旁边玩闹，你就会觉得没问题。

这其实就是说，孩子把一切弄得乱七八糟这件事，并不意味着你一定要抓狂。

回忆我们自己小时候，如果被爸爸这样吼一声，就会特别惊恐。这就是过分烦躁，它包括紧张、沮丧、恼火、担忧。

有的人为了参加考试，考试前一天晚上睡不着觉，翻来覆去地难受、别扭，这都是过分烦躁和担忧。这种情绪我觉得在我们人生中，应该不陌生。

大家可以好好想想，自己在什么情况下会出现过分烦躁的情况。到底触发你烦躁的是上司、下级、配偶，还是孩子，甚至是天气不好？我发现有时候天气不好，我的一些微信群里就没有别的主题了，有人就在里边一直抱怨天气。当空气不透明时，有人心情就不好，这引发的就是过分烦躁。你完全可以放轻松点儿，反正你也改变不了天气。有人以为这是心灵鸡汤，实际上不是，这是一种自救的方法。

第二种叫作"过分生气"，就是对他人表示戒备。有一次，我在飞机上遇到一个人，空姐对他说："先生，麻烦您把这个行李箱放到上边去。"这个人就突然暴发了，在飞机上大喊："你一个服务员，还敢要求我！"我判断了一下，这可能是中度抑郁了。他太容易发怒，生气来得特别突然。

第三种叫作"过分抑郁"，就是干什么事都没精打采、一蹶不振。我们古人讲的一个词叫"得意忘形"，不是现在理解的得意忘形，这个词在古人那里是很高的境界，就是你把这个含义找到了，外在的形式其实就变得不太重要了。

另外一个词叫作"失意忘形"，这可是一种要命的状态。失意忘形就是拒绝一切信息，例如"我失恋了，你别跟我说话""我不听你说话，我家里孩子生病了，我现在什么事也干不了"。

王阳明有一个有意思的例子。他的一个学生，有一天特别焦虑，因为他儿子病了。这时候，王阳明就提醒他："此时正是修炼时，如果你此时不用功，你平常下的那些功夫是干什么用的？在你心乱如麻的时候，最考验的就是你日常的修炼是否有效。这时候，你应该好好把你日常的修炼拿出来，看一看你的内心能不能安定自得。"

孩子是父母的心头肉，孩子生病了，父母难过是人之常情，你当然可以难过，但如果过分的话，那就是存了一丝私念。你为了孩子难过是可以的，但如果过分难过，你在想你怎么这么倒霉、你的孩子怎么会生病，你的痛苦和焦虑就会放大。

这其实就是佛教里讲的"我执"：如果太看重自己所面临的挑战和受到的伤害，孩子生病这件事就会被过分放大。

第四种叫作"过分内疚"，就是觉得一切事都是因为自己。例如，总在想要不是自己当年做那件事，就不至于这样。

很多不好的事发生后，人们就特别容易陷入这种过分自责和悔恨之中。

到底什么是过分？怎么判断这件事到底是过分，还是不过分？

埃利斯特别有意思，他说什么是过分你自己应该知道，85%的情况下，一个人应该知道自己的这个反应是不是过分。我觉得这样说是有道理的，如果拿一个准确的心理学量表来打分确定自己有没有过分，这个行为就过分了。比如，你应该能够知道自己发脾气这件事是不对的，你为考试焦虑是不对的。我的一个亲戚，以前每次高考前都紧张得吃不下饭、睡不着觉，连续考了3年都没考上。他平常考试的时候，成绩都很不错，但一上考场，就彻底晕了。

还有15%的情况就是有些人神经比较大条，自己真的不知道，要靠别人看出来。当有人提醒他们说"你的反应过激"的时候，他们可以思考一下。当然，如果真的不同意别人的评价，也可以相信自己的判断！

病态的思维模式

上文中提到的4种情绪是怎么来的？

我们来看一个 ABC 模型：A 就是事件发生，比如孩子考了倒数第一名；B 是你对这件事的看法，你认为孩子考倒数第一名这件事你不能接受，很生气；C 就是你的不良情绪，你把孩子揍一顿，或者你为孩子请了无数的家教，让孩子晚上都不能睡觉，只能学习。C 是由前边的 A 和 B 导致的。在生活中，有很多人想改变 C，办法是不停地去改变 A，认为如果改变了 A，那么就不会有 C 了。

在一个家庭中，老公让你生气，你"消灭"了老公，这家庭就变好了吗？你可能内心会更加焦躁，会觉得自己是一个天大的失败者，因为连老公都被你"消灭"了。

在生活中，我们都认为只有改变了 A，才能够改变 C。而事实上，人生不如意事十之八九，如果你总是期待着一切都如意，才能够有如意的感受，那你这辈子都不会如意。还有很多人小时候是因为不喜欢某个老师，而不好好听某门课的。想想看，你被谁决定了要放弃自己的学习？是被那个不好的老师决定了。最后，吃亏的还是你自己。因为有一个错误的 B，才会导致选择失误。

书里有一个很有意思的例子：哈林花式篮球队的表演中，有两名球员，一名把持着球不撒手，另一名去抢，两人互不相让，后来争吵了起来。活灵活现的吵架开始升级，一名球员把一杯水泼到另一名球员的脸上，后者冲到运动员休息区，拿起篮球队的桶，把他的吵架对象追赶到观众席上。最后时刻，被追的人躲开了，拎桶的人马上就要把里面的东西倒在观众席上……

这时候，观看表演的孩子们出现了两种不同的反应：以前见过这种场面的孩子会昂首挺胸地大喊："来呀！""倒呀！"没见过这种场面的孩子则藏在别人身后，护住头。

A 一模一样，C 却截然不同。不同之处在于 B，也就是他们对当时情况的预期不同。

埃利斯给我们介绍了 3 种最常见的病态思维模式,也就是三大错误的 B。

第一种错误的 B 是"恐怖化"。

我们总喜欢把一件事想得特别严重。当我从大学辞职的时候,我爸妈特别担忧,说这么大的事,也不和他们商量一下,将来我老了,万一需要钱怎么办,还是得有人每个月给我发点儿钱才行。

这种过度担忧会导致很多人待在一个不适合他们的地方永远都不出来。工作得不愉快,天天跟人貌合神离,但他们就是要留在那儿,因为他们恐惧。

你可以做一个实验,在纸上写一件你近期最担心的事,然后把纸团成一个纸团儿,扔在一个盒子里。第二天,又想起一件事,可以再写一个纸团儿扔进盒子里。过上一段时间,打开这个盒子,看看自己写的字条。一个一个看下去,你会发现,自己担忧的事有 90% 以上压根儿就没有发生过。

有的人赶飞机特别紧张,他最后赶上了飞机,上飞机前却把自己吓得够呛。把自己吓得够呛对于赶飞机根本没有帮助。

所以,如果你能够减少这种思维模式的话,就能淡定很多。我有一次赶飞机,进了机场高速的收费站,堵车。

司机说:"樊先生,对不起,你可能赶不上了。"

我说:"没关系,到时候再看吧。"

司机说:"你怎么一点儿都不着急?"

我说:"急也没用啊,飞机该飞就飞啦。"

司机说:"会不会耽误你的事?"

我说:"那就改时间吧,因缘注定了此次要改时间。"

结果,到航站楼一问,飞机晚点一个半小时,刚好赶上。

在家庭中,孩子玩手机,你就担心这孩子完了,上网上瘾了,他将来会不会变成一天到晚什么都不干,在家里玩游戏的网络少年?过度的反应会导致孩子更喜欢玩游戏,孩子会干什么事都拿着手机玩,因为能拿到手机简直太难得了。你在强化它的稀缺性，经济学讲过，供给越少，需求越高。

人们总是为各种事情担心，其实死亡才是最应该担心的事。但是，没有人会因为将来要到来的死亡，今天就不活了。所有的事情，让它自然地来，自然地去。

第二种错误的B就是"应该化"。

事情发生了之后，很多人总觉得自己应该做得更好。很多父母对子女的控制，是特别可怕的一件事。父母认为子女应该按他们以为好的生活方式去生活，甚至到威胁的地步，就是"你要是不听我的，我就死给你看"。这到底是谁在过谁的人生？！

凡是父母过度介入孩子的生活，孩子永远都不会幸福。

就算孩子被威胁，按照父母的意愿选择了，他心中还是会有一个结。他知道人生不是自己的，在心底会有一个声音说：这是我妈用生命逼着我这么做的。以后，他就会用各种理由来证明，现在的生活他是不满意的，因为他心有不甘。

一个应该化的人，会给周围的人造成特别大的压力。他总是先对自己提出应该化的理由，等他不折腾自己了，就开始给别人说应该怎么做了。

我有时候也会这样，尤其是我太太创业后，因为我也经历过很多次创业。我就开始指导她："你应该……"当我把"你应该"说过两三遍后，她就突然生气了。一个人被别人总是要求"你应该"的时候，压力会很大。

事实上，已经发生过的事，就已经是合理的事，不必总强迫别人和自己。

第三种错误的B就是"合理化"。

这是一种弱反应，比如不去感觉，只是试图否认一些事情，即使是对我们自己。比如，让情绪走向另一个极端，不允许自己产生任何反应。在很严重的事情面前欺骗自己，这种回避和否认并不是解决问题的办法。回避的问题依然存在，绝对会再一次浮现出来。

这3种常见的病态思维模式会使你在生活中总感觉到痛苦。

非理性的人生信条

埃利斯鉴别出 3 种 B 容易导致我们的人生出现特别不良的 C：过分烦躁、过分生气、过分抑郁、过分内疚。

我们需要弄清楚它们如何在具体情形中影响我们的反应。

非理性信条 1：太在乎别人怎么看我。太在乎会导致对拒绝的强烈恐惧。

非理性信条 2：我决不能在重要的任务上失败，否则太可怕了，我无法忍受。

非理性信条 3：人和事都应该总是朝着我希望的方向发展。如果不是，那就太糟糕、太可怕、太恐怖了，我无法忍受。

非理性信条 4：如果以上 3 种坏事中的任何一种出现了，我总要找个人骂骂才对。是他做错了，把情况弄得这么糟糕。

非理性信条 5：我对即将发生的事或别人对我的看法抱有挥之不去的忧虑。

非理性信条 6：每个问题都有完美的解决方法，我必须立即找到这些方法。

非理性信条 7：躲避困境和责任比正视它们要容易得多。

非理性信条 8：如果我事事不投入，只保持若即若离的关注，我会永远开心。

非理性信条 9：我的过去、最近的恋情和最近工作中发生的所有可怕的事导致了我此时的感觉和行为。

非理性信条 10：坏人、坏事不应该存在，当他们 / 它们的确存在时，我真不知道该怎么办才好。

以上的困境到底如何避免和解决？我认为埃利斯在讲一个"度"的把握，也就是孔子推崇的中庸之道。

《中庸》说："喜怒哀乐之未发，谓之中；发而皆中节，谓之和。"我们对喜怒哀乐等情绪要有适度的控制，过度的喜不叫喜，过度的乐也不叫乐。而是，只要一箭射出去，就一定射在最合适的位置。中庸是合适的极致。当然，这也是一个特别难以达到的高度。

比如，对非理性信条 2，《论语》中讲道："子绝四——毋意，毋必，毋固，毋我。"其中"毋必"，就是没有什么必须怎么样。

如果一个人坚定了非要怎么样的信念，就会给别人带来特别多伤害。当某件事出错了，这个人一定要找到责任方，宣布这件事是因为没有按照他的想法来做，所以才失败。

这种"应该化"让人对即将发生的事情总是抱着深深的忧虑。这种对任何事都从忧虑的角度看待的情况，可以从心理学研究中找到一些答案。部分来自童年时期的阴影，可能童年时被父母剥夺了安全感。比如，父母用恐吓和威胁的方式教育这个孩子，说"你要不听话，就不要你了"，或者用把他关小黑屋的方式对待他。孩子在这种对待之下是没有反抗能力的，他很快就会屈从于父母。孩子在他的行为上按照父母的想法去做了，但他的思想上出现了一个状况，就叫作"失去了安全感"。失去了安全感以后，他做任何事总是担心不安全，会怀着深深的忧虑。

四步摆脱情绪控制

埃利斯在书中一步步引导我们如何把自己的情绪放在中庸的位置。

他提出了一个很重要的观点，就是"我能不能做一个更好的选择"。人的一生中，永远都不会丧失的能力，就是选择的能力，我们永远都拥有选择的空间。

当你觉得自己被别人逼得走投无路，或者必须得拍桌子、发怒、伤害一些人的时候，你就放弃了自己选择的权利。

追蛇的故事，讲的就是这个道理。当你在草地被一条蛇咬了以后，你会拿着刀去追蛇吗？

正常人不会追蛇，肯定要自救，会消毒，会喊"救命"，会想一切办法救自己，这才是正确的做法。

你有没有干过"追蛇"的事：你开车，别人别了你一下，你就超过去再别他一下，然后他再别你一下；你再别他一下，于是两个人下车打架……你今天出门，打算跟别人打架吗？肯定没有，但为什么这件事会发生？因为你被别人左右了。你觉得自己没有选择权，已经受到挑战了。其实，你完全可以走自己的路，因为你今天的目标是走你的路，而不是跟别人较劲。

我们中国有个词叫"唾面自干"，就是说别人往我们脸上吐唾沫，不要理它，它慢慢就没了。在现实生活中，如果遇到类似的事件，我们可以试着做到在心理上不予理睬。

在遇到问题的时候，我们要思考怎么做才能够更好，对自己的家更好，对孩子更好，对与亲人的关系更好。当然，如果做不到的话，其实也没关系。

这就是平衡的艺术。

有某些时刻，我们误以为自己没有足够的欲望就不行，但实际上，有很多生意就是因为太过执着，才导致出现大量的问题。

乔布斯特别执着，他也尝试过无数次做不同的东西。但是，他觉得不行的时候，也会放弃，然后会更努力，去做那些更有可能性、能做好的东西。

这个灵活性是非常重要的，他不会在失败的时候非要"我不接受"地持续错下去，因为他坚持的是创业的梦想，是改变这个世界的梦想，而不是坚持生产一个奇怪的产品。

"君子不器"也是这个道理。你不要给自己的身份贴一个标签：我是那样一个人，就必须做那样的事。

让我们假设一个生活场景，你发怒了，或者你担忧了、睡不着觉了。这时候，你应该怎么办？一共4步。

第一步和第二步都是反思，为什么会有C，然后找到那个错误的B，审视一下B。要从3个角度来审视：一个是关于自己的角度，一个是关于他人的角度，还有一个是关于当下关系的角度。

关于自己的角度：我是不是觉得自己不能被冒犯？如果被别人冒犯，我会不会觉得这对我是极大的侮辱？我是不是太在意别人对我的看法了？这就陷入了一个"应该化"的思维模式。

关于他人的角度：我为什么要求他必须对我好呢？我为什么这么在意他呢？他这个人，是不是真的那么不可饶恕呢？

关于当下关系的角度：可能我对他人也有了恐怖化，或者"应该化"的想法。接下来要想，如果我现在这样发怒的话，对于改善我们的关系有没有帮助？

当从这3个角度来审视B，审视自己是怎么看待这件事情的时候，我们会发现自己逐渐变得冷静了。

接下来的第三步就是去对抗B，让自己想一个替换的方法来解决这个问题。

然后，进入第四步——做一个更好的选择。

我在《第3选择》中看过这样的案例：一位父亲如何处理女儿与吸毒者交往的事情。

父亲和女儿谈话，女儿说："你关心的只有你自己，你只不过不想有一个吸毒的女儿，因为那会让你没面子！"

当然，女儿这样讲对父亲不公平，但父亲放下了关于公平的想法，而是说："难为你了。"

过了一会儿，女儿说："我觉得很孤独。你们都很忙，我没有朋友，他俩是我仅有的可以说话的人。"

这时，父亲可以反驳，但这位父亲只是反映了女儿的情感："所以，你真的很依赖他俩。"

女儿接着说了自己对吸毒的看法："他们吸毒的样子真可怕……"

当一个人的情绪逐渐好转的时候，才有可能去想解决问题的方法。

这四步，我们可以无时无刻不在生活中实践。

因为在生活中，你常会遇到令你突然抓狂的状况。比如，你有一个同事，他工作拖沓影响了你的进度，你也许想发一次脾气，骂他一顿。但你真的在办公室发一次脾气，把他骂了一顿，对自己有好处吗？这能不能让你的形象变得更好？对他有好处吗？会不会让他没面子、更加沮丧、恨你，对解决这件事，没有任何好处？

你可以想一个更好的解决办法，然后去努力。即使努力了之后，依然没有达到你想要的效果，那也选择接受这个结果，因为你努力的方向是对的。

我们中国有这样的智慧，比如孔子讲过很贴切的一句话，叫作"尽人事而听天命"。

当"尽人事而听天命"的时候，你就不太容易被别人左右了。比如，孩子惹你生气，你都努力地做自己该做的事：去努力地爱孩子，行所当行，爱孩子是做爸爸（妈妈）的本分，给他无条件的爱也是做爸爸（妈妈）的本分，但孩子未必一定会变得像你想的那么好，这样你也可以接受。当然，你也不能说，你只要爱孩子，只要给他正确的教育方法，他就不能出错。

埃利斯这本书的价值，在于他把一些高妙的、人们难以一步掌握的东西变成了一些可实践的步骤。

我们在生活中有情绪起伏的时候，可以好好地想想自己是不是出现了恐怖化、应该化、合理化的思维模式。意识到这一点，再找到正确的思维模式，来把这件事做得更好。这样，就容易摆脱被别人掌控情绪的厄运了。

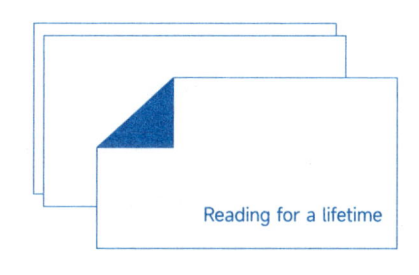

《你的生存本能正在杀死你》：
如何与焦虑相处

在生活中，我们有时会因为一些莫名其妙的小事，突然变得特别焦虑。比如堵车，明明知道摁喇叭、骂人之后，还是无法通行，但就是忍不住心中那种莫名的焦躁。

有一次我去游泳，会所的人告诉我卡不能用，因为是我太太的名字。我说我们的卡叫董事卡，我们当时买的时候被告知全家都可以用才买的。他说最近改了规定，只有我太太本人带着我才能用。我这个人是不太容易生气的，但是当时不知道为什么，我突然就很生气，甚至想和他吵架。

我后来想想，就算他不让我游泳，对我的生活也没多大影响。其实我用这个游泳卡的机会很少，一年大概10次都不到，为什么我会因为这一点儿小小的冒犯，突然之间就夸大了这种不满？

还有更可怕的愤怒：有一辆小轿车在超车时与公交车发生了剐蹭，据说轿车司机故意不让公交车变道，公交车司机怒不可遏，竟然撞向轿车。公交车加速顶着轿车前行几百米，冲断中央护栏后才停下。轿车司机跳车逃跑，没想到公交车又掉转方向，朝着轿车司机逃跑的方向撞去。后者躲避不及，腿部被轧在公交车下。公交车司机还是生气，下车后继续冲着这位轿车司机发火。

这个新闻简直惨不忍睹，人们的狂躁情绪能够到这种境地。如果理性地分析，即使被别了一下、别人对我们口出不逊，也不会对我们的人生产生太大的影响，但是我们忍不住就抓狂了，到底是因为什么？

现代人为什么容易焦虑不安，感觉恐慌，易被激怒，甚至是很多人明明不饿，但在晚上，就是忍不住跑到冰箱前，翻一些东西吃，吃完以后又充满了罪恶感？《你的生存本能正在杀死你》给我们提供了一种答案：这来自我们有一个非常要命的、从原始社会带来的东西，叫作"生存本能"。

原始人是没有时间理性地思考的。比如，我们一群人正在聊天，突然很多人都朝一个方向跑，这时候，能不能冷静地判断一下，问问究竟发生了什么事，他们为什么要跑。对原始人来说，只要你有这个思考的时间，老虎过来就一口吃掉你了。那一刻，看到别人都在跑，你唯一能做的就是赶紧跟着一块儿跑。

人类根本不是理性的动物，而是被生存本能所驱动的动物。这个生存本能，今天依然影响着我们每个人的生活，这是这本书带给我们最重要的一个切入点。

为什么我们控制不住自己

生存本能在原始社会的时候，帮过我们很多忙，每一次遇到危险，凭借着它启动的快速反应，保住了我们的命。但是，社会发展到现在，每天能够威胁到我们生命的东西已经越来越少了。可是，我们对那些轻微的挑衅所做出的反应，就和一个原始人在面对老虎时所做出的反应是一样的，因为那时人不受自己控制。

我们的大脑是怎样运作的？为什么我们对这些莫名其妙的小事会爆发出这么紧张的情绪，从而导致我们的人生变得特别焦虑、恐慌？肥胖，或者身体出现各种各样不良的反应，这些与压力有关的症状，都和我们的大脑结构、这种原始的生存本能有关系。

大脑是逐渐发展起来的，人类的大脑分为3个功能各异的部分：大脑核区、大脑边缘系统、大脑皮质。

大脑核区部分支配着人们非常基本却至关重要的技能，还从我们的整个机体直接接受各种信息，并根据这些信息主导我们的技能。

大脑边缘系统是爬行动物进化成哺乳动物后才有的，大脑边缘系统的反应通常是无意识和自发的。人类的大脑边缘系统跟很多动物是很接近的，它掌管着我们的愤怒、恐惧这些情绪，包括感动。

大脑皮质又是进一步进化的结果，它位于大脑边缘系统的上部。哺乳动物的进化程度越高，大脑皮质就越大。大脑皮质越大，大脑功能就越发达。大脑皮质使我们具备了更高级的能力，即分析思维能力、逻辑推理能力、问题解决能力、抽象思维能力和规划未来的能力。

有一点特别重要，就是我们的大脑边缘系统与我们的交感神经系统具有更为直接的联系，这个脉冲可以直接绕过大脑皮质。人有时候会莫名其妙地心慌、心跳加快，比如在大街上看到自己的初恋女友跟别的男人在一起，那一刻，你从理性上分析，这个人跟你没什么关系了，你只能祝福她，但你的心还是跳得很厉害。还包括我们见到一些人会莫名其妙地不喜欢。

这些神经系统所出现的反应，没有经过大脑皮质的分析，它是从大脑边缘系统直接发出的信号。所以，基本上在我们体内，大脑边缘系统和大脑皮质永远都处于斗争的状态：晚上9点，按照减肥食谱，你不应该再吃东西了，但这一刻你突然特别想来一罐冰激凌，然后你就琢磨，到底该不该吃一罐冰激凌呢？理智的声音来自你的大脑皮质，它说："当然不要，你好不容易减了这么多，吃冰激凌不就功亏一篑了？"但是，大脑边缘系统却说："我得吃，人活一辈子图什么，不就是图个痛快。"

最终谁会赢？很不幸，往往是大脑边缘系统会赢。这就是为什么我们经常会做一些令自己都很失望的事，在大脑边缘系统和大脑皮质做斗争的时候，我们往往会支持大脑边缘系统——支持跟我们更亲密的、那个原始的和动物一致的脑的部分。所以，生存本能就掌控在大脑边缘系统中。当有人别你的车的那一刻，你被调动的不仅仅是理性的分析，你还会感受到威胁，觉得愤怒。这种情绪绕过你的大脑皮质，让你想冲过去，和别人争执。

这导致我们出现了多种多样的问题。第一个问题是药物依赖。比如，我们现在对抗感冒的时间要求越来越高。我们小时候得一场感冒，持续一个星期很正常，每天还是照常上学、玩闹。现在，你一发现自己感冒，立刻就变得很紧张，想赶快把它治好。有一次感冒，我统计了一下，我用了至少8种治疗方法：中医的刮痧、拔火罐、熏艾，然后吃西药；吃完西药再吃点儿中药，捂在被子里发汗，加上各种偏方、怪招。就希望它能在一两天之内就好转。

有的人甚至还会产生药物依赖，尤其是西方人，因为他们只要出现一点点问题，就赶紧吃大量药物，致使自己的身体变得越来越糟糕。

第二个问题是肥胖，很多人肥胖都是因为控制不住自己的食欲。有微微的饥饿感，你应该感到幸福才对。但是稍微有点儿饥饿，或者有了不愉快的情绪，都会刺激你去吃东西。

当一个人体内分泌了足够的多巴胺，就会觉得愉快。多巴胺减少了，他就会恐慌。吃巧克力能够补充多巴胺，女孩不愉快的时候吃巧克力能够快乐起来。这导致快乐阈值变得越来越高，让我们对外在的不适因素越来越敏感。

第三个问题是焦虑情绪。比如易怒，还有的人明明手机上没什么好看的，但是过一会儿就刷一下，看看有没有新消息。看了半天，他还觉得很奇怪，今天怎么没有新消息，那是因为他看得太频繁了。或者我们总隐隐觉得，有什么事要发生。

以上3种状况是非常典型的现代人生活的特征。

我们需要管理这种不适感。

我挺佩服我爸爸，我发现他的不适区比我小得多。以前我跟他出去逛街的时候，如果一个服务员态度不好，虽然我不会发飙，但我会觉得不愉快，可我发现我爸对这事儿完全没感觉。他对于别人对他的怠慢，完全没感觉。

这是一种能力，就是因为他老人家人生拼搏的时间是20世纪80年代。在那个年代，生活本来就有很多的不适，所以对于这些不适，他是完全能够接受的。比如，家里的东西用得不顺手，我说找人修一修，我爸说不用修，能用就行了。这些事在我们看来是能凑合，但其实从心理学的角度来讲，就是生活中的不适区很小。

更厉害的是那些修行的人，他们走到哪儿都是乐呵呵的。无论发生什么状况，他们都会觉得这没什么不好，所到之处都很舒心。而我们总是宠着我们的生存本能，它一有需求，我们就立刻满足它。

我得承认我没有达到完全不生气的境界，我的境界只是在遇到事情的时候，尽量用涵养把它压下去。但是，我见过很多人，连这份涵养都没有了。

如果我们能稍微迟钝一点儿，生活就会幸福很多。

坏习惯到底从哪里来

当大脑边缘系统的反应无法得到妥善管理时，随着多巴胺水平的下降，我们的不适感和恐惧感就会随之加剧，致使我们被迫加以应对。如果应对不善，就容易养成坏习惯。

5种常见的坏习惯如下。

成瘾习惯：暴饮暴食，过量地摄入酒精、咖啡因，吸毒，放纵，过度地锻炼。这种瘾性的习惯来自我们的生存本能。

强迫习惯：比如，你总觉得手没洗干净，不停地洗手；关了门以后，你老觉得门没关好，然后经常要回去看一看；孩子没有按照你的要求做事，你就觉得不行。还有的人会反复地拉扯自己的头发。

病态习惯：比如，经常性伤风感冒、头痛、慢性疼痛、胃疼。还有一种状况叫作"放松效应"。就是一个重大的事件结束以后，突然就生病了。比如，操办完一场特别大的活动、办了一场婚礼之后、高考以后……一个人不放松的时候，他的身体告诉他，是不能得病的，这一刻的抵抗力是非常强的。但是，一旦他熬过了这个艰难的时刻，马上就会出现情绪以及身体抵抗力的低谷。这种病态的习惯让身体更容易生病。

失眠的习惯：无法入睡，也无法保持睡眠。

保护性和逃避性的习惯：恐惧症就是这种习惯。比如，有的人看到一些东西就紧张。

这些习惯主要来自两个非常重要的心理现象。

第一个心理现象叫作"条件反射"。

条件反射可以分为两类，第一类是"经典型条件反射"，是俄国生理学家巴甫洛夫提出来的。他发现，狗吃肉前会分泌唾液。他在实验过程中，每次给狗送食物之前都会亮起红灯、响起铃声。经过一段时间后，红灯一亮或者铃声一响，狗就会分泌唾液。这种被动反射或者说自主反应，就是人们所熟知的条件反射。

第二类是"操作性条件反射"。这种条件反射的发生过程都是悄然展开的，我们根本意识不到。比如，如果得到了他人的帮助，很多人都会习惯地说一声"谢谢"，根本不经过大脑就做出反应。有些条件反射能够刺激我们养成大量好习惯，还有一些会给我们带来很多坏习惯。

第二个心理现象叫作"心理外化"。

在弗洛伊德心理学中，心理外化是一种潜意识的心理防卫机制。在外化中，个人将其内部特征"投射"到外部世界。

我理解的心理外化就是我们把自身的需要全部建立在外在的东西之上。我们认为外在的这些东西，只要得到了，我们的心理问题就解决了。佛家讲"心外求法即是外道"，就是指如果一个人希望在心以外找到一些东西，来让自己的生活变得安定，这就远离了正道。

心理外化现象越来越严重，跟我们现代的生活是有关系的。

第一，我们生活中快餐文化的流行。

我想起自己小时候的一个段子。小时候有一段时间，我每天在学校里捡小树枝。

我妈问我为什么捡小树枝，我说我要吃排骨。

为了吃排骨，我可以收集半个月的小树枝。我妈把那些小树枝拿回去，在学校的灶上生火，炖一锅排骨。不舍得一次吃完，每一顿饭给我放一块，第二天再放一块。那时候没有冰箱，第三天就变质了。我妈特别难过。

那时候，要满足自己一次是多么困难，但同时，这又是多大的一笔财富！

我们现在很多人经常说让孩子保持三分饥和寒，让他们不要那么快满足，要穷养。原理就是用这种方法培养孩子的耐心，培养他们对这个世界的感知力。小时候，我每吃一块排骨的那种幸福感不是现在吃鲍鱼就能唤起的。

现在的快餐、外卖只要30分钟之内没送到，有人就发飙了，脾气变得很大。甚至我觉得现在旅游的乐趣都少了很多，别处有的东西，我们随时可以得到。这会使得心理外化的状况变得严重一些。

第二，互联网搜索引擎的使用。

我在读书会讲书，会把这本书的脉络画下来，用这种原始的方法来讲述。有朋友建议我用提词器，可是我觉得不行，它会影响我大脑的转动。

我慢慢地用笔在纸上把书的脉络画出来，就彻底知道这本书是怎么一回事了，这是我所需要的。

我们现在很多人，一讨论问题，或者一个人的名字想不起来，就会同时拿出手机，开始搜索。有一次去参加一个大会，罗振宇去演讲，我做主持人，我旁边坐着一位"搜索大师"。罗振宇一边讲，他就在底下一边搜百度。罗振宇讲到任何数字，他都用搜索的数字来比对。太需要获得即时反馈，会导致大脑退化。

第三，电子设备的使用。

现在的电子设备已经发达到了每走一步路，它都能给你计一个数。电子设备让我们对自己更了解，对自己的每一件事都要即时地获得反馈。

第四，广告文化潜移默化的影响。

有一个广告就是号召大家把旧东西全扔掉，全换成新的。这种广告会极大地降低这个社会的幸福感，让很多人觉得自己一定要拥有大量的物质才能够幸福。但实际上，真的把家里的东西全部换一遍，就幸福了吗？这样更换的频率只会变得越来越高，这是一个无底的黑洞。

《少即是多》这本书分享了一个重要的观点：从物质中获得幸福的时代已

经结束了。

我们要找到内在的安静，而不是被这些广告所影响。我看到一个令人心痛的消息——有的机构给年轻的学生贷款，周息是20%，这已经算是行业里低的了。因为是复利，所以如果一年不还的话，数字是不可想象的。很多年轻的男孩、女孩明明还不了这么一大笔钱，但就是感觉别人有的东西自己没有不行。

他们会牺牲自己的尊严和安全，买一个可有可无的东西。这是心理外化严重到一定程度后会出现的情况。

当然，生活的便利是社会的进步，但是一旦过度，就会带给我们心理上的伤害。我们要清楚，过度的便利会让我们丧失幸福感，让我们变得更加焦虑和无助，导致我们的生存本能被越惯越坏。

有的孩子非得要一部苹果手机，原因是他如果不用苹果手机，就会被他所在的社群排斥。这就是原始人的那种不想被社群排斥的生存本能，他像解决生死问题一样来面对得到一部苹果手机这样的事。有的孩子说："你要是不给我一个什么东西，我就死给你看。"他把这么一个根本无关生死的事上升到生死的高度，原因就是在他的感觉中，这已经关乎生死了，这就是生存本能在起作用。

所以，如果放任他这样下去的话，他就会退化成对自己没有任何约束力的原始人了。孔夫子说"克己复礼为仁"，就是你要做一个人，而不要做一个原始人。你要能够管理好你的生存本能，不要让它来控制你。

与生存本能和谐共处

《你的生存本能正在杀死你》提供了15个建议，帮我们与生存本能和谐共处。大家可以选择对自己有效的方法，用能触动自己的方法试一下。

第一，摆脱对现代技术的依赖。

我有一次采访一位著名的电影导演，采访后，我就问他："咱们能不能留个手机号？"他说他自己真没手机，我可以跟他的助理联系。我觉得他可能是因为我们的关系不近才不给，但他很恳切地又解释了一下，说他确实不喜欢带手机。他在刻意地远离这些现代技术。

我从来不会花几千块钱买一部新的手机,一部功能最简单的手机就够了。这就是摆脱对现代技术的依赖,有时候,你未必非得紧跟最新技术的步伐。

第二,珍惜和忍耐不完美。

如果想把每件事都做到完美,你可能就会得焦虑症,让自己变得无比焦虑。拖延症来自完美主义,就是要做就做到最好,做不到最好就宁可不做,最后的结果就是不做。其实,完成好过完美,在这个世界上根本没有所谓"真正的完美"。

管理公司也是一样,很多人问我,为什么不把每件事都盯得细一点儿。我说把每件事盯得那么细,我的员工怎么成长?允许员工犯错,允许公司发展得缓慢一点儿,就已经够稳健的了。

第三,限制感官通道受到的刺激。

有的人一边吃饭,一边听音乐,一边发微信。一个人共有几个感官通道?同时开放着三四个感官通道,会让人产生严重的焦虑情绪。

限制感官通道就是:要听,我就认真地听;要吃饭就认真地吃饭。我参加过一个道教的吃饭班,吃饭的时候不准说话,也没有音乐,大家就安安静静地吃饭。

感官通道开放太多是一个坏习惯,所以不要鼓励孩子同时做几件事。不仅仅是效率或者质量的问题,其中最大的问题是会让人变得焦虑,生存本能会被调动起来,让自己觉得紧张。

第四,睡前让自己放松下来。

每天保证有良好的睡眠,到点入睡。作者建议大家睡前听一些轻音乐。如果让我来建议,我会建议大家睡前听樊登读书会的一本书。

第五,放慢速度,让每件事的完成速度逐渐缓下来。

我给自己减少了出差的频次,并且减少了坐飞机的次数,尽量坐高铁。让自己的时间放缓,因为人生还长着呢,慢慢往前走。

第六,不要拖延。

第五个叫"放慢速度",第六个叫"不要拖延",这其实并不矛盾。孔子做事有条不紊，显得慢，但他从来不会犹豫不决。

"君子居易以俟命"，就是说君子做当下该做的事，命运给我什么，我就坦然地接受它，即使不完美，我也接受。另外，不要整天琢磨这件事能不能做，做了会怎样，不做会怎样，让大脑皮质和大脑边缘系统天天打架，导致自己心神不宁。

第七，不要强迫自己完成所有的工作。

有时候，有的事的确做不了，那就承认自己做不了并承担后果即可，不要强迫自己完成所有的事。

第八，接受不确定性。

这句话的意思就是，要相信无常的存在，并且能够接纳无常。

我们明明知道无常会发生在每个人身上，但是我们希望它不要发生在自己身上。我们要学会接受不确定性。

我刚开始工作的时候，有一次帮电视台拉一个广告。如果这个广告能够谈成的话，我能够赚到七八万块钱，在当时都可以付首付买套房子了。我非常想谈成那笔生意，每天都很焦虑。对方一会儿说可以签了，一会儿又说出了个问题，最后也没有签成。

过了这么多年以后，我发现，有很多钱赚不到，那就是赚不到。我们不应该唉声叹气、天天难过，那样只会让自己原地踏步或者变得更加糟糕。如果没赚到这个钱，那接着做下一件事就好了，而不要觉得如果自己那样做就不会是这样的结果了。这种后向性思维会使得我们更加痛苦、执着和纠结。

第九，戒掉易怒的习惯。

当你准备发作的时候，要提醒自己说："我等会儿再说，我安静下来再说。"有人说解决焦虑的方法可以摔盘子啊，或者去打那些布偶啊，把怒气发泄出来——不发泄出来会得病。其实不对，你越是把它发泄出来，你生病的可能性就越大。据说，一个人如果拍桌子发怒一次，相当于得一次肝炎。这么说有些夸张，但也说明发怒对人体的伤害是很大的。夫妻俩如果老吵架，平均寿命会减少4年。

第十，生活要有规律。

要学会让生活变得有规律，不要像年轻的时候那样，整天熬夜看球赛，一看看到半夜。这对身体是有害的，有的人就是因为长期狂欢、生活不规律，导致再也睡不着觉了，眼圈发黑，抑郁症就出现了。

第十一，拓展心理的舒适区。

比如，你每天下班走的路线都是一样的，今天能不能绕一下道儿，不按照原来既定的路线走？要不断地拓展自己的舒适区。

对我来说，有人担心我在读书会只讲大家反映好的书，这样就导致选书越来越雷同。这其实也是我非常担心的一件事，如果一个人一辈子只读让自己舒服的书、自己能读得懂的书，就等于没有进步。所以，我也会挑战，去读一些原来没有涉猎过的书，或者那些我们过去讲过却效果不太好的书，还会不断挑战观点另类的书。

每个人都不要总待在一个小小的舒适区里不出来，越是这样做，你的舒适区就会变得越小。

第十二，让自己休息片刻。

书中写道："我在长期的临床实践中发现，如果患者每次拿出一两分钟的时间去重新调整内心的节奏，即便每天只做两三次，那么他们疾病发作的风险也会显著降低。"可见，这个技巧不需要投入大量时间，就能效果显著。

第十三，延迟满足。

比如，你特别想买一个包，你可以过一个星期再买，或者过一个月再买。我们并不需要过早地得到一些我们特别想要的东西。不得到它，我们是不是照样可以吃饭、睡觉？

第十四，放空自己。

这接近于禅宗的坐禅，就是突然什么都不想了。有的人在面临突然什么都不想的时候，会觉得很恐慌。人们习惯一有空闲的时间就打开电视、拿起一本书、玩手机，原因就是我们不愿意面对自己。当我们放空的时候，就是在面对自己，跟自己独处。

每天给自己十几分钟的时间，放空一下。这时，你原始的生存本能就在被调服。

第十五，进行适度的体育锻炼。

这样能够让你分泌足够的多巴胺和去甲肾上腺素。

以上 15 条是作者给我们的管理生存本能的一些方法。

好消息是，我们的大脑边缘系统是可以和我们的大脑皮质协同工作的。目前有一个科学证据表明，大脑边缘系统内部的杏仁核其实可以更好地辨别外界情形是否会对我们构成真正的威胁。

这样一来，大脑边缘系统和大脑皮质之间的分裂倾向减弱，这使得大脑各个组成部分之间取得更大程度的协调和一致。这就是给我们带来希望的部分。

如果你真的愿意去修炼，实现孔子讲的"克己复礼"，就是让我们的大脑边缘系统和大脑皮质能够有一致的步调。

我们做任何事的时候，不是像原始人那样被生存本能所驱使，而是我们可以用理智去判断。前面 15 种方法是我们在生活中可以用的方法，还有几个心理的小技巧值得分享。

第一个是要培养我们的双重感知能力。

比如我说话的时候，有一滴汗流下来了，我可以先擦汗，再说话，也可以一边感知流汗，一边继续投入地讲话。

我们可以和那些轻度的不适感握手言和。我们在生活中的状态，经常只有高兴或者不高兴、舒服或者不舒服两个非此即彼的评价。比如，我本来在很舒服地看电视，孩子突然吵闹，这会导致我觉得不舒服，所以我必须得解决孩子吵闹这个问题，然后才能继续舒服地看电视。这就叫作"没有双重的感知系统"。没有双重的感知系统，就会经常被外在的环境调动得忙碌不已。双重感知系统是我能够清晰地听到孩子在那边吵闹，但是不妨碍我此刻躺在沙发上享受我的人生——我可以和孩子的吵闹共存。

去年冬天，分会做活动是在零下二十几摄氏度的地方，所有人都冷得发抖。

我当时只穿了一条单裤，读书会的会长关心我，我说不要紧。如果你能够与冷和谐相处的话，其实你不需要哆哆嗦嗦的，你能体会到冷，但是没关系，它并不一定会让你打哆嗦，因为你越抱怨、越抗拒冷，冷就越会控制你，你整个人就什么都做不了了。

我当时调用的就是双重感知系统，不被冷控制，而能自如地与大家聊天、谈事情。

调动双重感知系统是一种重要的能力，生活中出现任何问题，你都可以说"有这个东西在，没关系，我可以继续过我的人生，甚至疼痛也可以"。遇到疼痛的状况，你也可以这样做，不要让你的心被疼痛、心烦意乱带着走。

作者写到自己之所以能理解双重感知能力，是因为他的办公室搬迁到了一个新地方。这个地方处于繁华的街道，一天到晚都是汽车的发动机声、喇叭声，以及猛烈刺耳的刹车声和警报声。

开始的时候，他自问："你天天都要做催眠，租这个办公室的时候，你到底在想什么？"然后，他竭力探索如何能让患者在这种环境下进入安静的催眠状态。很快，他便惊讶地发现，即便存在噪声与干扰，人们同样能够体会到内心的平和。

我们的会员看视频的时候说："樊老师，您那边有噪声。"我们从技术上应该解决这个问题，让它变得更好。但在这儿，我也希望会员精进一下自己的能力，调动一下你们的双重感知系统。你们听到噪声，但同样也可以听课。这就是让人变得更能控制住自己的原始本能——生存本能——的一种方法。

第二个是感恩。

感恩是来自大脑边缘系统控制愤怒的那个部分——那个生存本能所属的部分，它同时也管理着感恩。所以，当你能够调动感恩的时候，它就能够帮你分泌足够的多巴胺，然后让你变得愉快。

心怀感恩的时候，人会变得特别愉快吗？有一个特别简单的方法：心情不好的时候，就在纸上写出5件你今天值得感激的事，这样你这一天的心情就会好很多。这招非常有效。

第三个是来自社会的支持。

我们需要一群好朋友，相互之间有社会支持，还有爱心和同理心。把这些东西调动起来之后，你会与原始人的距离越来越远。相应地，你的舒适区会变得越来越大，你也不会像过去那样焦虑。

这本书适合所有现代人看，我们一起看看生存本能是怎样一步一步地杀死我们的。然后，用相应的办法来管理它，以便让我们能够愉快、开心地生活。

《情绪急救》：
总有一个疗法适合你

我们在感冒的时候会打针、吃药，或者多喝水、多休息。手被割破了，我们会贴创可贴。我们对身体的各种伤害，都有着一些基本的应对方法，但是如果被朋友伤害了，或者失恋了，我们该怎么办？

很多人会束手无策，只好用时间来治愈。事实上，把这一切都交给时间，很有可能会给我们造成特别长久的伤害，可能会转好，但也有可能会转坏。

我们对情感的伤害，几乎一无所知。

有人会建议，情感上受了伤，找一些支持自己的朋友聊聊天就能够好转。这个建议也是有风险的，因为有的伤害通过跟别人聊天能够减轻，但是有些伤害，与别人聊天之后反倒会变得更严重。

《情绪急救》提供了这样一个案例：一项线上研究在2001年8月招募了2000多名参与者。他们告诉参与者，如果愿意，可以把自己对"9·11"事件的想法和感受发布在研究网站上。结果，3/4的人分享了想法和感受，1/4的人没有。

研究人员继续跟踪了研究对象两年，对其情绪状况进行即时评估。结果发现，地理位置最靠近"9·11"现场的人，以及选择了不在网上分享自己想法的人，患有创伤后应激障碍的概率较低。而在网站上写得越多、帖子越长的人，心理状态越差。

究竟什么才是正确的方法？《情绪急救》的作者盖伊·温奇博士是一位资深的心理医生，他通过多年的心理治疗，给我们提供了一个"心灵急救箱"，就好像我们家里常备的创可贴一样。无论你遇到什么心理问题，都可以试着打开它。

顶住被拒绝的伤害

我们遇到的心理问题，通常被分成7类。对你有帮助的部分，你就好好地去实践；跟你无关的，你也可以学习一下，没准儿将来可以帮到别人。

第一个是被拒绝；第二个是孤独；第三个是内疚；第四个是丧失和创伤；第五个是反刍；第六个是失败；最后一个是自卑。

我把这个称作"心理伤害的七宗罪"，这个结构是平行的。

我们先看什么是被拒绝。先在脑中假设这样一个场景：A和B在抛球，你走进来了，三个人就一块儿抛球。A抛给B，B抛给你，你抛给A，三个人抛得很愉快。几轮之后，突然之间变成了A抛给B，然后B没有抛给你，而是又抛回给了A，A又抛回给B……站在旁边的你，会有什么感觉？

有一次，我在家里带着我妈妈和嘟嘟一块儿做这个游戏，我和嘟嘟扮演A和B，然后让我妈加入进来。突然之间，我们就不抛给我妈了，我妈站在旁边突然说："怎么回事？为什么不给我？"她觉得受到了伤害，这种感觉就是被拒绝。

在生活中，我们经常会遇到被拒绝的状况：一群好朋友去参加聚会，他们没有通知你；你在团队中很难融入其中；打篮球的时候，大家传球、进攻，你跑来跑去，却没有人传球给你……

被拒绝会给人们造成很大的伤害，当一个人感到自己被这个社会拒绝、被周围的朋友拒绝、被女朋友拒绝时，他会有特别强的愤怒感。书中写道："2001

年，美国外科医生联盟发表的一份报告指出，比起参与帮派、贫困或使用药物，社会排斥更容易引起青少年的暴力行为。受到排斥的感觉是情侣间暴力行为的极大诱因。"

被拒绝带给我们的第一个伤害就是愤怒，被拒绝还会使我们不理性。抛球游戏中有个耐人寻味的点是，一位被试者参加的扔球试验是与电脑一同完成的，即使科学家告诉他，不扔球给他是电脑设置好的，扔球游戏是故意的，被拒绝的人依然感到很痛苦。科学家并不甘心接受这样的结果，他们告诉被试者，拒绝他的人是三K党。但即使是你轻视的人拒绝你，被拒绝造成的伤害还是没有减少。科学家甚至试过将虚拟球置换成虚拟炸弹，能够随机"炸死"持有它的人，但就算听到这个解释，被拒绝的人仍然会感到同样的痛苦。

按照常理来说，理性的人当然不介意陌生人不扔球给他，但在遭到拒绝时，理性、逻辑和常识都无效了。被人拒绝过很多次求婚的人，会做出特别不理智的事。所有人都告诉他女孩不喜欢他，他要放下，但他一定会尝试再努力，因为他觉得肯定是产生了什么误会。

被拒绝还会让人们的自我评价逐渐降低，致使人们开始离群索居，没有归属感。年轻人大卫，出生时患有罕见的遗传疾病。该疾病会影响全身多个系统，唾液调节方面的问题让他不停地流口水。

从小到大，几乎没有人跟他玩。家里人鼓励他，让他去跟朋友们交流。他尝试过这样做，但很快就被人排斥在外，他觉得特别痛苦。

他去寻找盖伊·温奇博士，盖伊·温奇博士通过一系列的方法，帮他逐渐恢复自信心，重新融入同学中。

作者的"药箱"里有4种药。

第一种药叫作"与自我批判争辩"。

脑海中只要一闪现"他们不给我传球，是因为我打得烂"这个念头，你就要跟这个声音辩论，说不是，是因为他们没有看到我在球场上的位置和作用，他们也欠缺和团队配合的能力。

你需要给自己做一些自我争辩。女孩拒绝我是因为我没有钱？不对，她拒绝我，可能是因为我俩的性格不合适，可能她没有发现我身上的优点，也可能是我俩的缘分没到。缘分没到就是一种自我争辩，这种方法能够有效地降低内心受伤的可能性。

第二种药叫作"恢复自我价值"。要学会寻找你自己身上的闪光点。

盖伊·温奇博士发现大卫对体育运动特别了解，大卫是洋基队的超级球迷，他对这个队的热爱远远超过其他人。

盖伊·温奇博士建议大卫与别人讨论洋基队的话题。有一次，洋基队赢得了一场比赛，在兴奋的驱使下，大卫不由自主地向他的一位同学发表了一句评论。他的同学由衷地赞同他的看法，还伸出手来与他击掌。大卫惊呆了，他又提供了另一个评论。他难以置信地发现，自己已经同时和两位同学讨论球赛的事情了。

洋基队越成功，大卫就越渴望讨论比赛。他发现，他越是展示自己的知识和见解，同学们就越欣赏他。

有一次，他说得很专注，忘记吞下口水，结果口水流了下来。尽管他感到恐慌，但是之前大卫和盖伊·温奇博士早就商量好用什么话来化解尴尬了。他说："看来你们不是真正的洋基队球迷，除非他们的成功能让你们流口水。"同学们放松地笑了起来。你看，他可以用幽默的方式化解自己身上的弱点造成的尴尬！

自我价值感在大卫的创伤恢复过程中起到了至关重要的作用。

第三种药叫作"修补社交感受"。

我们可以向社交网络寻求支持，或者找到其他方式来重新建立社交归属感。

第四种药叫作"自我脱敏"。

我们越是接触那些令人不舒服或者不愉快的情况，就越会感到习惯，结果它们就不会那么困扰我们了。当然，这并非适用于所有情况。

应对危险的孤独症

社交媒体平台的发展让我们生活在史无前例的全球人类大连接时代，但是越来越多的人患上了严重的孤独症。

孤独被称作"心理上的肌无力"，一个孤独的人会慢慢感受不到周围人的存在，他自己也没有爱别人的能力。如果你故意夸张地表扬一个孤独的人，这给他带来的不是好处，而是伤害，他会觉得你是在取笑他。这就是我们说的心理上的肌无力，他没有力量恢复。孤独最常引发的是失眠、抑郁、自杀、对社会的敌意……孤独对人的身体健康有着惊人的破坏效果，它能够影响心血管系统甚至免疫系统的正常运转。

还有研究表明：孤独是会传染的。一项研究追踪了孤独在社会网络中的传播，结果发现它完全符合传染的特点。在研究开始的时候，那些与孤独的人接触的人，到研究结束时，很有可能变得孤独起来。孤独的传染力取决于孤独者与不孤独者之间的亲近程度，他们的关系越好，孤独的传染性就越强。

我们要不要接触孤独者？让我们想一想，万一你是那个孤独者，你是否需要别人的帮助？我们应该一起想办法帮助孤独者把这个问题解决了，这才是有效的解决孤独的方法。

书中的解决方法，第一招叫作"摘掉有色眼镜"。

当你觉得孤独的时候，首先要摘掉有色眼镜。孤独者通常会对整个世界有负面的评价。书里有这样一个案例：参加过第二次世界大战的军官莱纳尔在妻子去世后住在郊区，与世隔绝。

他总是一个人，除了他女儿来看他，简短地说几句家常话，他和女儿之间都不怎么交流。盖伊·温奇博士不停地打探，发现莱纳尔参加了一项常规的社交活动，他是一个国际象棋俱乐部的成员。但是，国际象棋并不是一个开放型的项目。下国际象棋虽然是两个人在互动，但比赛过程中并不鼓励交谈，因为这会分散对方的注意力。休息的时候，莱纳尔就坐在角落里看书。下完最后一轮，莱纳尔就离开。

盖伊·温奇博士建议他与国际象棋俱乐部的成员斯坦利接触一下，莱纳尔最喜欢和他下棋。

后来，莱纳尔邀请了斯坦利，但是被拒绝了。盖伊·温奇博士试图掩饰失望，但是莱纳尔说："因为他输不起。"斯坦利曾是俱乐部最好的棋手，莱纳尔把他变成了自己的手下败将。

在盖伊·温奇博士的鼓励下，莱纳尔开始和其他人搭讪，建立了和俱乐部其他成员亲近的关系。

当一个人觉得整个世界都蒙上了一层阴影的时候，他看待这个世界的方法就已经变了。2010年，美国人口普查发现，美国家庭的27%是单人家庭。现在，单人家庭的数量已经超过了其他所有群体，比如三口之家和单亲家庭。还有很多人就算有配偶相伴，仍然感到孤独。

在此，我提醒大家，如果你感到孤独，我希望你首先摘掉有色眼镜，相信这个世界充满善意。就算有人偶尔拒绝了你，那也是因为意外和误会，而不是刻意针对你。

毕竟在这个世界上没有太多人愿意针对你做些什么事。这个世界上大量的烦恼是由我们推理出来的，而不是事实。推理出来的事，足以把自己气得半死。这时候，你就特别容易感到孤独。

要主动跟这个社会建立联系，给自己制订一个计划，约几个人聊天，参加几个派对。如果能认识几个陌生的朋友，也许就容易走出孤独。

第二招叫作"找出自我拆台行为"。

比如，你去参加聚会，一大堆人在热热闹闹地聊天，你自己假装特别忙的样子，拿着手机站在窗边，一直在那儿看信息。这就是自我拆台行为。

你觉得别人不跟你交流，其实是因为你事先就已经排斥别人了。或者仅仅因为一点儿小事就拒绝别人的邀请，比如"下午很忙""我得洗衣服"等。甚至还包括我们在跟别人聚会的时候，因为怕被别人伤害，所以整场聚会就只说自己的事，天马行空地一直在说话，根本就没有参与过别人的世界。

这种过度的自我保护所导致的社交形象下降，就叫作"自我拆台行为"。

你已经自我封闭起来了。当自我拆台行为出现的时候，要立刻在心中提醒自己："我又自我拆台了，我因为怕受到伤害才这样做。"并再次提醒自己，发现了就要及时消除它，有意识地让自我拆台行为变得越来越少。

第三招叫作"学会换位思考"。

发信息的时候，有时是一定要打表情的，因为你说的这句话，和对方看到的这句话，是两句话。如果没有表情符号的话，对方很有可能以为你生气了。一个能换位思考的人，就能经常站在别人的角度，想对方之所想。

在丧失和创伤中获得新意义

丧失和创伤是生活中不可避免的一部分，影响都是毁灭性的。

比如，自己的至亲离世，我们会特别痛苦，长期走不出来。

创伤跟丧失是有一致性的，比如遭到了暴力犯罪这种精神创伤。

丧失和精神创伤会给我们造成 4 个影响。

第一个就是生活被打断。你的生活彻底变得不一样了。每个人在经过创伤之后，都会有"第一次"，比如离婚之后的第一次旅行、第一次自己接孩子、受到暴力伤害后第一次走出家门等。

每个"第一次"都会提醒你，有一些东西发生改变了；每个"第一次"都会提醒你，原来是那样，为什么现在不是了？

书中有一位女士叫玛克辛，她和她老公约好了要去非洲狩猎。他们感情特别好，后来她老公被发现脑部有肿瘤，在手术中去世了。她在老公去世后，放弃了露营和徒步旅行，和大部分老朋友也失去了联系。她的整个世界都改变了。

生活如果彻底被丧失打断，就需要重新开始。

第二个是你的身份也被改变了。你不再是过去的那个你，你已经是丧失了某些东西的那个你了，这会让你缺乏自我认同。

第三个是信念被切断。人类重要的前进动力之一就是寻找人生的意义。无论我们的世界观有多么不同，丧失和创伤都可能颠覆我们对世界的基本看法，让我们经历深刻的情绪困扰。

第四个是人际关系的断开。很多离了婚的人会跟自己过去的朋友圈彻底隔绝，丧子的家庭也会这样，会从朋友们的视线中彻底消失。

丧失引起的4种心理创伤会导致铺天盖地的情绪上的痛苦，但丧失迟早会在我们的生活中出现。

怎样来消除它？这里有几个方法，当然，这本书有一个原则，就是如果这些方法都没能消除你巨大的伤痛，你一定要寻求心理医生的帮助，因为他们更加专业。

书中给出类似创可贴，或者类似感冒药的东西，这样的东西叫非处方药。如果你需要处方药的话，就一定要去找医生。

第一个方法叫作"用自己的方式来舒缓自己"。

比如，有人选择参加车祸幸存者俱乐部，群体中都是残疾人，大家一起倾诉、倾听。还有的人去参加失独家长的聚会，失独的人凑在一起，互相安慰。

当然，如果你不想说的话，就不必提及。现在没有一个确切的答案，因此不是只要你说出来，就一定会好。你要看自己内心的真实想法：你觉得说出来舒服一些，你就说；你觉得说多少舒服，就说多少。

第二个方法叫作"逐渐恢复迷失的自我"。

巨大的丧失以后，人们变得跟过去不一样了。心理医生建议失去了丈夫的玛克辛用写作找回迷失的自我，让她写出在丧失之前，人们认为她所特有的优点有哪些，一条一条地写下来。

接下来，针对每一条，分析为什么她现在没有了这个优点，她要如何逐渐恢复，恢复后有什么好处。

当一个人能够针对每一条写一篇短文的时候，就会发现，治愈效果会逐渐显现，因为写作这个方法会让人变得理性，回归到自己之前的生活状态中。

第三个方法叫作"寻找悲剧的意义"。

《活出生命的意义》对很多人产生了灵魂上的震撼。人们普遍认为，寻找丧失和创伤的意义，对于有效治疗创伤至关重要。

寻找悲剧的意义是我们从各种丧失中恢复的关键因素，为了从悲惨经历中恢复，我们需要重新拼接心理碎片，用事件的意义来编织生活。

在生活中，我们一定能够为自己的失去找到意义。澳大利亚有位全球知名的演讲家——力克·胡哲，他天生海豹肢——没手没脚，但是他为自己没手没脚寻找到了意义。他说他没手没脚，也就没有了限制。人生就要不设限，不要以你能看到的事情决定你的想法，而要以你想象到的事情引导自己前行。

寻找悲剧的意义分为两步：第一步叫作"发现意义"，第二步叫作"发现效益"。

发现意义就是首先得把失去这件事纳入现有的价值体系中，你得能够接受它。

有的家庭里老人去世，他的家人要接受这是自然法则，并寻找它的意义。当然，在这里一定要强调，这要在后期、心情已经平复了很多的时候，才能够去寻找这件事的意义，就是这件事好在哪儿。这需要一定的勇气，需要你做好心理准备，因为如果你过早地寻找意义，就会痛恨自己。比如，亲人离开，如果有人马上就去寻找它的意义，这根本做不到。必须得等到你恢复到理性思考的时候，才能去寻找意义。

发现效益是指我们从亲身体验中找到希望。足够的时间过去后，人们能从丧失和创伤中发现益处，在情感和心理方面表现得比做不到的人更加健康。

这本书对我的帮助很大。我爷爷95岁去世，此前我去看他，他还能走路，还很健康，直到最后一天，医生给他做检查，发现他没有任何病，只是生命真的到了尽头，他慢慢地、没有任何痛苦地离开了这个世界。其他人说这是很难得的喜丧，按照当地的习俗，大家料理了后事。我们也在失去的难过中学习平静地面对。

内疚、反刍、失败、自卑的良药

内疚非常普遍，研究估计，一个人每天平均有2小时能感觉到轻微的内疚，每个月大约有三个半小时感觉严重内疚。

内疚是我们心灵的毒药。与真正的毒药不同的是，如果内疚是微剂量的毒药，是有好处的。比如你想减肥，却又吃了太多食物，你就会产生轻度的内疚，这会使得你更好地去减肥。

但是，如果内疚变得严重的话，这个毒药的药性发作，就不妙了。

有3种内疚。第一种内疚叫作"未解决的内疚"。当年我在做节目的时候，有一期节目讲道歉。一位画家长期生活在内疚中，因为他在上中学的时候打过他的老师，他心中总觉得很痛苦。这就叫作"未解决的内疚"，因为他始终没有把这件事放下。我们把他的老师请到了现场，那位画家当时已经是非常出名的画僧了，他当场痛哭，告诉自己的老师，这么多年自己是多么煎熬与难过。老师也哭了。最后，画家得到了老师的谅解，把一个未解决的内疚给解决了。

第二种内疚叫作"幸存者内疚"。它与未解决的内疚相比，难以清除的原因是，没有需要得到补偿的人、没有需要道歉挽回的人，因此内疚漫无目的，严重毒害了我们的生活。

第三种内疚叫作"分离内疚"。分离内疚在女人身上最常见，比如女人出差时间长，她就会觉得对不起自己的孩子。其实，有可能孩子本身没有这么严重的感受，但是妈妈会放大这种感受。子女对父母也会这样，子女如果经常在外面，就会觉得对父母照顾不周，也会产生分离内疚。

内疚所造成的非常严重的伤害就是自我谴责，形成祥林嫂现象。祥林嫂就是典型的因为内疚所产生的心理问题得不到解决，整天不断地回忆最痛苦的事。

内疚还会带来一个外在的伤害——损害你的人际关系。当你终日陷入内疚的时候，你周围的人会慢慢失去对你的耐心，会导致你和他人的关系割裂。

怎么消除内疚？

第一个方法叫作"学会有效地道歉"。很多人都会说"对不起"，但这不是真正的道歉，也不能获得别人的原谅，这是因为他们的道歉不专业。专业的道歉含有6个要素：第一要表示遗憾，说出你对自己所造成的伤害表示遗憾；第二要明确地说出"对不起"；第三要请求对方原谅；第四要肯定对方的感受，虽然你可能不愿意肯定对方的观点，但是要肯定对方的感受；第五要"提供补偿和赎罪"，向对方提出自己能不能做一些事来补偿；第六要承认你自己违反了一些规则。

第二个方法叫作"自我原谅"。当你找不到需要道歉的对象，或者你做的这件事对自己造成了伤害时，你就需要自我原谅。此处，我提醒大家要小心运用，用得不好，自我原谅会变成自我放纵。自我原谅是你要先承担责任，先在内心道歉，确定好下一步的行动计划，想好打算怎么改进，然后做自我原谅，有时候甚至可以举行一个仪式。比如，你的道歉对象已经不在这个世界上了，你可以给他写一封信，或者将漂流瓶扔入大海，与他告别，也是让你在内心跟过去的内疚感做一个告别。

自我原谅还有一定的治疗效果，比如说改善拖延症。有一个调查发现，当一个人能够原谅自己的拖延行为时，他反倒会变得不容易拖延，拖延行为也会变得更少。而当一个人整天内疚，指责自己怎么又拖延了，只知道批判自己的时候，他的拖延会继续。所以，要学会谅解自己，走出内疚的恶性循环。

反刍的意思是，重新揭开结痂的情绪伤疤。很多年前发生的事，在你脑海中反复出现，甚至生活中有一个触发点，一旦触发，不良的情绪便砰的一下出来了。

反刍会加剧痛苦，让你的愤怒膨胀。有的人突然爆发情绪，是因为他的内心很早以前受过类似的伤，造成认知损伤。反刍的人会判断不清现实的生活，因为他总是带着偏执的眼光看待这个世界。有的女人因被男人伤害过，以致看所有的男人都觉得他们有问题。

反刍会加剧你和他人的紧张关系，祥林嫂是反刍的典型。

反刍还会造成心血管系统问题，容易得高血压或者心脏病。

解决反刍问题，第一个方法是改变视角，比如学会从看电影的角度看自己。

我们一回忆过去的事，就经常站在主角的角度去回顾，回忆一次就是一次伤害。我们应该把镜头拉远，把眼睛眯起来，就好像看当年的一部电影一样。比如小时候，你妈妈打你了，你就负气离家出走，后来她追着把你拉回来。这时候，你会发现妈妈还挺爱你的。

当别人受伤需要安慰的时候，我们用第三者的视角，就会觉得这件事容易理解了。当你把当年的自己看成电影里的一个小角色的时候，反刍的伤痛就会立刻减轻。

第二个方法是分散注意力。当我们告诉自己，不要去想一头粉红色的大象时，脑海里恰恰会出现一头粉红色的大象。你越是阻止自己去干一件事的时候，你的脑子就越会执着地去想这件事。这时候，最有效的方法，不是告诉自己不要想，而是分散注意力。

做一些烧脑的、需要你高度投入的运动，比如下棋或者玩拼图游戏。总看电影也是不现实的，短暂的、需要集中注意力的活动能有效地切断反刍。

失败是极其普遍的人类经验。比如，求职失败、评职称失败、创业失败。如果一个1岁多的小孩，他面对失败像我们成年人一样去反应，他还能学会世界上那么多难学的东西吗？比如说话、走路，小孩子之所以能够学会说话、走路，是因为他们一次一次地面对失败，他们很乐观，根本不会被失败伤害。

我们长大后，特别容易被失败伤害。一旦失败，我们就觉得再也做不了这件事了。比如一赌气就说："我这辈子再也不创业了，我还是回去打工吧。"

失败带来的问题，第一是我们的自信心会受挫。这是非常常见的，我们会对自己的评价一下子变得很低。

第二是容易形成一种被动和无奈的心态，这也是一种自我保护。比如，很多人说自己失败是因为外因，然后举出很多例子说别人创业成功是因为他们是富二代。把人生中所有的事都归结为外在因素，这就是被动与无奈的心态。

第三是会产生对失败本身的恐惧。有一位女士叫莉迪亚，她为了照顾3个年幼的孩子，从职业女性变成了全职主妇。10年后，她决定开始工作，可每次面试都出状况：有一次面试，她跟前台秘书吵架；有一次面试，她突然肚子疼；还有一次面试，她竟然忘带简历。16次面试全失败了，她每次都能找出借口来，甚至有一次是因为她做美甲耽误了面试。

盖伊·温奇博士写道，对失败的恐惧使很多人夸大小问题，陷入自我设限的行为模式中却不自知。

第四是把失败投射到孩子身上。这是非常恐怖的：如果一个人长期被失败打压，那他在看到自己的孩子失败时，会过度反应，把孩子的失败夸大，然后不停地强化孩子对失败的敏感度，导致孩子将来不能接受任何失败。

每个人都要妥善地处理内心对失败的看法。

第一个方法叫作"寻找情感支持"，进行客观评估。

盖伊·温奇博士在每次别人哭诉失败的时候，首先表示能够理解对方，然后提供经验，帮助对方前进。这时候，对方可能会愤怒地把纸巾盒摔过来，因为在还没走出失败的苦痛时，别人指出其中存在的希望，我们会觉得他们比较讨厌。

可是，心理医生必须得说这些话，因为如果当事人自己不去面对伤痛，就无法产生治疗效果。时间长了，他就会对安慰脱敏，安慰再多都没用了。所以，就算对方不高兴，心理医生也需要帮他分析，必须从失败中找出经验和教训，这个人才有可能走出失败。

第二个方法叫作"去控制能够控制的要素"。

我老婆创业，开美睫美甲美容店。她特别爱美，花了很多心思找到很好的材料，在北京很好的地段开了一家店。她的理想就是把所有客人都当成闺密一样服务。

开业的头三个月，生意不多，但是房租一直要交，员工也紧张。我老婆很焦虑，这就是生活中出现的失败。

她想起我给她讲过的影响圈和关注圈：影响圈就是我们力所能及，可以改变的事；关注圈就是我们只能看、只能发表议论，但是没法改变的东西。

她开始想，在影响圈能做什么。她把店面重新装饰了一下，又请了一个模特拍了一组照片，再把内务整理好。如果还没客人，她就准备趁店员不忙，给她们做培训、做职业生涯规划。她还准备了一瓶红酒，告诉大家当店里月销售额超过 30 万元的时候，大家就开这瓶红酒庆祝。所有这些事都是她影响圈里能够控制的事，她一下子淡定了很多，生意也开始好起来。

孔夫子讲"尽人事而听天命"，"尽人事"指的是影响圈，"听天命"指的是关注圈。

自卑会使人的情感免疫系统受损，有人说自己生来就自卑，其实没有人天生就自卑。自卑可能跟我们在童年，或者更早期所受到的伤害有关。

自卑相当于我们的免疫系统疾病，当你严重自卑时，你的情感调节就会出现很多问题。

自卑会导致我们对外反应变差、面对压力的能力变差，还会使我们抵制正面反馈。帮助一个自卑的人，简单的夸奖是没用的。比如"你真棒、很了不起"，这没法使他减轻自卑的感觉，因为自卑的人排斥正面反馈。

甚至有很多人做那种练习：晚上催眠，给自己放录音，说"你真棒""你真了不起""你很厉害""你是全世界最好的人"……时间长了，这种人的自卑感会变得更加严重。

自卑还会带来其他问题，比如放弃争取一些应得的利益。如果有人欺负自卑的人，他会自我安慰——那就忍忍吧，他连该去争取的利益也放弃了。这会导致他更加自卑，他会觉得为什么别人总是欺负他，但他不想想，为什么自己不去争取。

消除自卑的第一个方法是自我同情。自我同情不是自怨自艾，而是把自卑的主角换成别人，换成你的朋友小张，是小张特别自卑。小张遇到了很多不如意的事，你提笔给小张写一封信，告诉他要走出这个困境。在写这封信的过程中，你就做了自我疗愈。要学会换一个角度，用安慰别人的方法来安慰自己。

第二个方法是列出自己的 10 个优点，每一个优点的后边，最好能够写一个例子证明。自卑的人在写的时候，会突然想到自己的缺点，那就把缺点写在另一张纸上，写完以后扔掉。这会帮助你恢复自信心。

这本书是一个"急救箱"，它没有那么简单的三五个重点，它有20多种"药物"。如果你出现了被拒绝、孤独的感觉，或者出现了丧失或者创伤的感受，抑或是出现了内疚的感觉，为过去的事烦心（反刍），觉得自己是一个失败者，感到自卑，那你就可以针对每一项找到解决的方法，做一次尝试。

最后我想补充一下，有些人心理强大到不需要这些心理治疗的方法，比如他们有强烈的信念，或者有伟大的愿景。这些伟大的信念和愿景可以拉动他们越过挫折的门槛儿。

但是，对于大部分人来说，这是立竿见影的方式，可以尝试一下。当一个人能够较好地使用这些手段的时候，一定会让自己的心理创伤慢慢恢复。希望这本书能给更多人带来帮助。

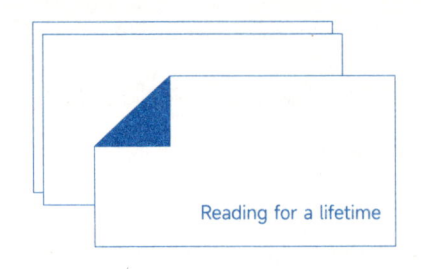

《精神问题有什么可笑的》：重塑精神世界

《精神问题有什么可笑的》的作者是英国知名的喜剧演员鲁比·怀克丝。她曾是皇家莎士比亚剧团的一员，常给人们带来欢笑，她自己却与抑郁症抗争多年。

在抑郁已经让她不堪重负的情况下，她为了自救，开始学习心理治疗的知识。经过几年的学习，她发现正念练习最适合自己。为了能向马克·威廉姆斯学习，她努力读书，在50多岁时考入牛津大学。经过一次次艰苦卓绝的考试，她最终拿到了正念疗法的硕士学位。

她还登上了TED的演讲台，令无数听众感到温暖和真诚。因为在心理治疗领域有独到的见解，所以她写了这本《精神问题有什么可笑的》。

她不仅仅是一个患者，还具备专业的脑科学知识，能够准确地给我们解读精神问题到底是怎么来的。

书中时不时地出现黑色幽默，会让读者觉得非常有趣。作者擅长自黑，使用的也是鲜活的生活语言。

生活在新时代的原始人

据世界卫生组织估计,几乎每四个人中便有一个人会在一生中的某个阶段出现精神或行为问题。在作者看来,每个人都会对生活中的某些方面怨声载道。这些让我们怨声载道的东西,就是致病因子。

比如,自我批评。我们对自己就像对待一匹老马一样,不断地抽打自己,把时间安排得特别紧凑,从来不停下来思考自己到底在干什么。我们在以不同的方式不停地忙碌:疯狂地购物、疯狂地工作、疯狂地赚钱,不断地寻找有可能的下一个幸福点,永远都不满足。

即便我们拥有一切,还是觉得活得不快乐。

罪魁祸首就来自大脑中的消极思维。

我们有那么多顾虑、担忧、后悔、怨恨……我们知道人和事都会改变,但我们对改变充满担心,即使在未来有的改变是好的,当下还是会焦虑。

焦虑源于对无常的抗拒。明明知道无常是不可抗拒的,是一定会发生的,我们却在心里不断地拒绝它,执着于希望它不要发生在自己身上。

我们努力买保险、努力赚钱,来使得我们逃避无常,但真的逃避得了吗?

英国的心理学家告诉我们,西方人也在不断地试图用努力工作来逃避生活中可能出现的改变。

我们现在的物质生活已经跟过去大不相同了,哪怕跟10年前比,都不可同日而语。但是,我们的精神世界还像在石器时代,我们现在的愤怒、痛苦、欺骗、嫉妒、羡慕,这些直觉和过去的人没有特别大的差别。

如果不下功夫,让自己的精神层面有所进步,你就是一个生活在现代世界里的原始人。

我们先要停下来认真地看看自己,看看自己此刻的状态。

通往智慧之路的首要任务是对镜自省,少说大话。

若我们用烦乱的心去看待世界,世界就会变成乱码。

很多人总想改变世界，却从来没有想过改变自己。

我跟一个朋友探讨过，我说："其实你可以热爱你的工作。"他说："我不需要热爱。"我问他为什么，他说："工作就是受苦，生活中有一点儿痛苦很正常。我已经看开了，我不需要去解决工作这份痛苦。"

这是正常的吗？

"看开了"显得那么有能力处理一切，但事实上这是一个拒绝改变的借口。对人们来说，最可悲的是习得性无助。实际上，一个人是有机会改变自己的生活的，但如果贴一个标签说"这事儿就是痛苦，我认了"，人们就很难去改变。对痛苦习以为常，是一种我们没有意识到的巨大的痛苦。

作者希望每个人都能抛开杂念，说出心中真实的想法，很多时刻，我们都会如释重负。

负面情绪如何产生

一个人抑郁的时候会是什么状态？抑郁的人会被一种羞愧感包围，会产生非常差的自我评价，觉得自己什么都不如别人，什么都比别人差。他总会问自己："为什么我的道德水平这么低？为什么我会做出这样的事？为什么我混得这么糟糕？"

当然，偶尔还会走到另一个极端，膨胀到认为自己最棒，别人都不如自己。这是一种自我保护。其实，他的内心还是自卑，缺乏独立而完整的自尊体系。

作者写道："意识到你并不是世上唯一被抑郁找上的人，事情就解决了一半。"去找一些同道中人，不管他们是哪种类型的抑郁，大家在一起互相分享一下，让每个人都知道自己并不是孤独的。有问题并不可耻，有的问题是所有人的问题。分享将帮助我们扛过痛苦的阶段。

人的大脑中有很多突触，用手摸桌子，你能感受到这个感觉，你脑海中有一个突触，它就在活动。

人是可以锻炼自己的突触的，通过不断练习，使得你突触的大小和位置发生改变。之后，你会对一些事变得特别敏感。而幸福这件事，其实是需要你去锻炼的。

幸福的反面不是不幸，而是麻木。比如，一个口渴的人如果能喝到一杯水，就会觉得非常棒，因为在那一刻，他脑海中的突触对水的感受特别强烈。

正常人喝一杯水，根本不用动脑，所以喝水带来的快感就没那么强烈。幸福也是一样，在别人看来，你真的已经非常幸福了，在你看来却十分平常。例如，你可能觉得拥有一辆车很稀松平常，但对别人来讲，感觉可能是完全不一样的。

我们需要锻炼脑海中那些控制感觉的突触，多锻炼才能够感受到幸福和快乐。我们总感觉痛苦，是因为感受幸福的突触萎缩了。

作者结合了一些科学证据和神经科学知识，以及人类的进化，解释了人类为什么总是喜欢批评，永不满足。

为什么我们总喜欢批评？因为有一个词叫"生存"，我们大脑中的某一部分或许传承于远古的祖先。那时，人要想生存，就得敏感和谨慎。比如，到田地里干活儿，看到蛇，人们就先跳开，对危险的事敏感才能生存下来。

现在的人依然小心翼翼，对身边的事物多疑且猜忌，特别喜欢批评，尤其是对自己极为苛刻。

大脑对消极信息的捕捉速度快于积极信息。比如，一旦某个事物被贴上消极的标签，大脑就会立即把它储存起来。再次遇到类似的问题时，这种消极的偏见就会变成一种保护机制，使我们产生逃避和害怕的心理。

又如，我们常常不知足。有个读书会的会员有这样的苦恼：她的孩子非要买一双1000多块钱的鞋，她觉得很贵，但是这个孩子觉得不买就不行。当孩子特别想要这双鞋时，大量的多巴胺就会释放出来，兴奋的感觉会促使他想马上拥有。如果他拥有了这双鞋，他当下会很开心，但他会产生更多的多巴胺，希望得到更多的快乐，又需要买更多或更贵的鞋。

如果事情往另一个方向发展——不买鞋了，他体内的多巴胺就会减少。这时，他的身体就会体会到戒毒的感觉，浑身不自在，干什么事都没意思，因为他体内没有持续分泌多巴胺。

所以，人需要多巴胺的刺激才能觉得快乐。但我们要不断地刺激它，否则它永远都得不到满足，这就是求不得苦的来源。

当我成为我的观察者

为了让我们不再一味地自我批评或是永不满足，作者提出了正念练习的方法。它有一套具体的方法，就像是驯马，将心灵这匹不羁的马驯服。

古人讲心猿意马，意思是人的意识像猿猴、马一样到处跑。我们要把那些奔驰在外面的东西收摄回来。

正念练习并不复杂，只需要做一件事：觉察。你要对美好的事物有感觉，激发这部分的突触。当你置身事外地去体会这个事物时，会立刻获得内心和外在世界的新感悟。总之一句话，别被你的思想所左右，要做你思想的主人。

"我"被称为"我是我的观察者"，就是能够跳出来观察自己的那个人才是你自己。这在我们东方的文化中，是"上天堂不增，下地狱不减"的一种佛性，是如如不动的一种境界。

如果你每天心里饱含着贪、嗔、痴，一会儿想这个，一会儿想那个，这些就成了你的欲望。

如果不能很好地控制欲望，不能作为观察者来观察自己的话，你就会觉得无比伤心、难过和痛苦，被贪、嗔、痴不断地折磨。

正念就是要盯住自己、观察自己，知道自己此刻的状态，体会身体的行动时刻和体悟时刻。

人类有两种能力：一种能力是跨越现实和理想之间的桥梁，得到自己想要的东西，这叫作"行动时刻"；另一种能力叫"自动化"，就是当你对一件事熟悉了以后，就会让它走上"自动驾驶"的道路。这就是为什么我们会习惯性地做很多事，甚至没有觉知。

人们的行动时刻给人将梦想转化为现实的途径，而体悟时刻润物无声，它让我们自然感受身边的一切。

如果你只是行动、只是自动化，那你什么时候体会人生呢？

要在行动时刻给自己加上一个体悟时刻，时刻去感受身边的一切。你也可以在体悟时刻做自己想做的事，只不过不再急于求成，把自己弄得筋疲力尽。

通过正念的练习，你可以学会区分这两种状态，并且根据情况，自由地在这两种状态间转换。

比如，你知道某一刻是行动状态，那么在行动的间隙，你呼吸一下，进入自己的体悟时刻，觉察此刻的状态。这时候，你会发现身心俱在。

这本书讲到的正念练习源于卡巴金博士，他在马萨诸塞大学医学院创建了减压门诊，率领团队为超过1万人提供过帮助。

他针对无法治愈的慢性疾病，研制了一种行之有效的疗法，用一句话概括就是"学会与疾病共存"。

这种疗法就是正念减压，患者集中精神，体会此刻的疼痛。当疼痛来临的时候，把心念集中在疼痛上，告诉自己："哦，我现在总算知道了，原来这就是疼的感觉。"当患者能够集中精力体会疼的感觉的时候，会发现疼痛的感觉和身体并非融为一体，这样疼痛的感觉就会渐渐离开自己的身体。

我在生活中也常常用这样的方法，比如打针、抽血、拔火罐时，专注体会疼的感觉。

知道那个叫作"疼"的人不会感到疼，因为疼痛的是此刻的肉体。但是，正念在观察着自己，他知道观察疼的人才是真正的自己后，会比过去更能忍受痛苦，甚至能够跟痛苦长期相处。

我们可以通过正念练习，看看自己有没有被各种情绪带着走，比如有没有被烦躁、嫉妒或愤怒带着走。

我们时时刻刻都要提醒自己：这是我的呼吸，要关注它。同样地，我们也不要被快乐带着走。当被快乐带着走的时候，我们照样不在正念当中。

我们不能在快乐中放纵自己，因为它会变成痛苦再回来。当我们拥有快乐时，就怕失去它，但它终将消失。当快乐生起的时候，我们要告诉自己，原来这就是快乐。只有如此，我们才会变得如如不动。

这就是让我们用正念的方法面对身边的每一件事情、每一种感觉。

作者的导师是马克·威廉姆斯，他和约翰·蒂斯代尔、津戴尔·赛戈尔将卡巴金的理论应用于情感痛苦领域，并发展出了正念认知疗法。

他们让人们找到抑郁的情感藏在身体的哪个地方，仔细体会这些情绪的源头，持续关注感受。慢慢地，人们会发现这些感受并没有想象的那么强烈。

练习正念的人需要给自己找到一个锚定点——锚定点让身体保持正常状态。我们思维的习惯是凡事都要找一个理由，探寻问题出现的原因。正念就是给我们设定了一个锚，每当陷入僵局或者过分纠结的时候，我们可以回过头找这个锚定点，回到这个锚定点。而且，任何时候，只要回到此刻的感觉，我们就回到了自己的锚定点。

一旦发现自己的思绪纷乱，就立刻把注意力拉到一种感官上，这也是一种正念练习。你甚至可以把它放在你的触觉上，难过的时候，去体会手摸桌子的感觉、桌子的质感。只要能够回到这种感觉上，你的正念就在回归。

我个人比较喜欢的是呼吸——有节奏、有韵律地呼吸。当你觉得心情烦躁，有些不可控的事情要发生时，可以注意自己的呼吸。只需要几秒钟专注在你的呼吸上，你就会安静下来，很多东西重新回落到你的身体里，那就是你的精神。

你的坐姿、听觉、呼吸、嗅觉和触觉，以及你的念头或者行为，这些东西都可以成为你锚定的位置。找到锚定点让自己立刻回来，你就会回到正念当中。当你有压力的时候，请仔细体会它与身体的哪个部位对应，它的强度边界在哪儿，体会你此刻的呼吸和姿势有没有变化。你无须压抑任何想法，也不需要害怕生气或者受伤，只要把它们当作过眼云烟就好。

每次你尝试有意识地不去改变某些事情的时候，就会发现这些过去令你抓狂的事情，现在可以忍受了。当后背特别痒时，如果你特别希望让痒这种感觉尽快消失而去挠后背，有时候可能会越挠越痒。这时候，如果你试试把注意力集中在痒上面，去体会痒在身体上的作用。过一会儿，你可能就会发现，你能够和它和谐相处了。

我有一个朋友在微信上说他花粉过敏，皮肤很痒。我就告诉他，专注于那种感觉，告诉自己这就是痒的感觉，把注意力放在痒上。没过几分钟，他回复说，好受多了，至少可以不挠了。这就是我们说的正念的方法，运用它可以帮我们减少烦躁的情绪。

为生活注入喜悦的细节

如果总是纠结于自己内心的想法，你就很有可能进行自我惩罚。对自己宽容一点儿，有意识地把注意力从内心转移到身体上，你的身体就可以抵御情绪的攻击。当你被自己的欲望绑架而痛苦不已的时候，让心情平复的首要条件是关爱自己、自我同情，而不是自我贬低。

给大家提供一些生活中常见的正念练习的方法。

1.重新审视内心。当觉得被压力、恐惧、担忧压得喘不过气来的时候，你可以写出3件令自己开心的事。事情再小都没有关系，只要写下来，你的心情立刻就会变得不一样。

还有一个方法是，写下自己拥有的东西。例如，我有20本书，我有2部手机，我有1辆车，我有房子，我有1个孩子……把自己所拥有的东西一个个写下来，你会发现这个单子越写越长。然后，你会发现你的心情越来越好，因为你发现自己已经拥有太多东西了。

2.自我调节的视觉、嗅觉疗法。找到一个能够让自己安心的东西，比如一张照片、一首乐曲，甚至某个味道。一看这张照片心情就变好，一听这个乐曲心情就放松，或者一闻到这个味道，心情就愉悦。这些都是把心情带到感觉上的方法。

3.猎奇。拿一个笔记本，在上面记下你每天遇到的新鲜玩意儿，一天写3个，让自己在生活中学会发现。

在生活中，我们大多时候是"自动驾驶"，总觉得今天跟昨天没有什么区别，忽略了特别多新鲜的东西，但如果你每天都记3个新鲜事物，积累多了，你会发现自己忽略了生活中很多美好的事物，好奇心就会增强。

4.把自己值得感激的事记录下来。比如，感激自己还有两条腿，感激自己还活着，感激自己还拥有家庭。

5.贴标签。这跟我们过去讲的贴标签不一样，给人贴标签是不对的，我们这里指的是给自己的情绪贴标签。当你听见自我的某个声音时，就给自己的声音贴上一个标签说："我又在自责（生气、愤怒、挑剔）了。"当你能够大声地说出这种情绪的时候，它就被你管理了，不会左右你了，因为你在观察它，它就会被管理。

6.转移注意力。比如，当情绪要失控的时候，尝试着从1数到100，然后倒过来再数一遍。让自己的注意力放在这些后来的东西上，冥想，数数。这都不是高超的法门，但真的会对我们有帮助。

7.用心倾听和倾诉。两人一组，大家认真地看着对方，听对方讲话，投入地感受对方说的每一句话。你会发现你变得很幸福。这就是交流的乐趣，交流的重点是你在认真倾听，你把所有的注意力都放在了他的话语上。

这些都是我们在日常生活中可以用到的正念疗法。

让自己成为变化中的一部分

人的神经是有可塑性的，大脑像肌肉一样，你只要愿意锻炼它，它就能成为你想要的样子。

可塑性的基础就是一个人不断地练习，让自己成为自己想要的样子。

你需要经常提醒自己：我到底想成为什么样的人。孔夫子说："仁远乎哉？我欲仁，斯仁至矣。"意思是："仁这东西很遥远吗？我想得到仁，这仁就来了。"

"求仁而得仁，又何怨？"孔夫子有那么大的愿力，做了那么多的事，是因为他认定了自己有天命，认定了自己要做的事。

当认定自己是一个有同理心的人时，你就给了自己一个明确的定位。朝那个方向不断地发展，你会发现自己变得越来越具有同情心，越来越具有理解他人的能力。

当你给自己的定义是一个能够和他人友好相处的人时，你就能够留心观察自己对待他人的态度，以及说话的措辞。这种感受会感染给他人，而且当你对别人友善的时候，别人在第一时间就能感受得到。

当你拥有正念的时候，你是有好奇心的。一个丧失好奇心的人天天活在"自动驾驶"中，他认为在这个世界上没有什么新鲜事了，所有的事他都知道了。而一个拥有好奇心的人，会关注自己的呼吸、起心动念，觉察着下一刻会发生什么。

每个人与生俱来地拥有着满腔的好奇心。如今，我们的好奇心和创造力被竞争压力限制住了。当好奇心离开你时，竞争意识就会乘虚而入。如果你做每件事的目的都是挣钱、争名夺利、得到高分，那么你的生命就只会剩下痛苦。

只有找到了自己热爱的事情，你的生活才有意义。表现出对他人的好奇之心，对对方而言是莫大的荣幸，他们会尽其所能地帮助你。

这对我的启发很大，好多人说："樊老师，给我讲点儿新东西吧。"于是，我不断地从书里寻找新知识，不断地讲给别人听。其实有时候，我会忽略生活中的人带给我的东西。我应该更多地去发现他人能够带给我的东西，不仅仅是跟古人对话、去看书。这也在提醒我，在生活中要保持好奇心，要不断地去了解别人的想法。拥有好奇心的人，才是真正幸福的人。

这本简单的小书，用调侃、讽刺、幽默的语言，讲了脑科学知识，以及痛苦的来源，还告诉我们怎样用正念的方法更好地生活。

书中小结里有这样一句话："变化是绝对的。"我把它"翻译"成我们的语言，叫作"无常是永远"。

我们的生活不会一成不变，企图刻意保持某些东西，只会带来痛苦。我们有能力去改变自己的思维方式,培养自己的积极情绪,用正念疗法帮助我们改变。这个改变就从此时此刻开始。

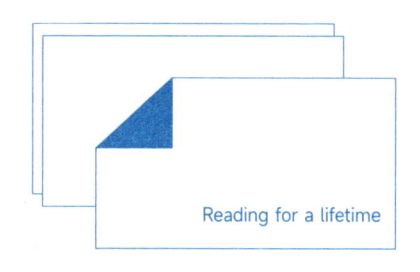

《减压脑科学》：用科学的方法赶走压力

我在微信上看到一个女孩子说她有假期前的焦虑症。我问她，假期前怎么会焦虑呢？她说因为假期前会想到还有很多工作没有做完，觉得压力特别大、很忙乱，又总想着要放假了，感觉对不起自己的工作。

我想，如果一个人在快放假的时候都有这么大的压力，那在什么情况下才会没有压力呢？

我觉得特别有必要给大家分享一下《减压脑科学》这本书，这是一个日本作者写的关于压力管理的书。这类书一般比较简洁、直白，字数不多，讲究实用。

战胜压力是不可能的

作者从大脑的结构开始讲起，帮助我们了解压力到底是怎样产生的。

他说，战胜压力是万万不可能的，因为当你存着一个念头要去战胜压力的时候，其实你就已经错误地看待压力这件事了。压力是我们自身的一个部分，我们应该学会和自己的压力和谐相处，而不是去战胜它。

零压力不应该成为我们的目标，因为压力绝对不会消失。

你渴望得到那些得不到的东西反而会增加你的压力。

作者写到释迦牟尼出家后进行了各种艰苦的修炼。在作者看来，在释迦牟尼修炼的 6 年中，他和压力进行了艰苦的战斗。他用自己的身体做了伟大的"压力实验"。他大概认为，彻底地折磨自己的身体，会激发人体秘藏的克服压力的潜力。

但是很可惜，他最后还是失败了，人没有这种能力。不管多努力，人都无法打败压力。

佛教所说的"诸行无常"。一切所受，一切感情，最终都会是苦的感受。如果用"苦"来形容，你很难理解，不妨理解成：一切你所拥有的东西，其实都存在一定的压力。

作者在书中提到产生压力的路径分为两种：一是从丘脑下部通往下垂体的"身体性压力路径"，二是从丘脑下部通向脑干中缝核的"精神性压力路径"。

中缝核内部有血清素神经，能够释放出与精神性疾病密切相关的神经递质——血清素，血清素的重要性后文会讲到。

动物也会有脑压力，但有些压力只有人类才能感受到：一是因为"不快"产生的压力，二是因为为别人做事却没有得到适当的评价而产生的压力。

"不快"产生的压力往往是快感失去的时候，比如打弹珠，因为赢了就很有快感，但是游戏结束了，快感就变成了"不快"，变成了一种压力。生活中有很多这样的现象，比如因为摄取酒精得到太多的快感，酒醒了就全身不舒服，还有沉迷于网络、游戏、购物也是如此。这种"依赖症"可以发生在任何人身上。

为别人做事却没有得到适当的评价而产生的压力，几乎人人都体验过，只是程度不同。例如，为家人着想的主妇，却得不到一声"谢谢"；为客户通宵工作，却得不到夸奖；为对方精心挑选了礼物，却不合对方心意……这不一定是自己的问题，也不一定是别人有问题。消除这种压力很困难，所以我们就更要学习压力的原理。

大脑的内部运作

大脑的构造是以最原始的"脑干"为中心，在其外侧逐渐"增建"新的脑。

脑干又叫自立脑，拥有呼吸、循环、消化等自律神经机制，还有调节咀嚼、步行等基本生命活动的运动机能。

位于脑干上面的是"丘脑下部"。丘脑下部拥有调节食欲等生存中不可或缺的功能。

位于丘脑下部外侧的是大脑边缘系统，又叫情感脑，它控制着喜怒哀乐、恐怖这些情感。宠物有时候也会表现出喜怒哀乐，就是因为它们有着大脑边缘系统这个部分。

人类的脑和动物的脑不同的是，人类大脑边缘系统外部有位于大脑最外侧发达的大脑皮质。这是人类所独有的，丰富的智能、语言、社会性的生活都是由这里掌管的。

大脑皮质在位置上分为四类：额叶、侧额叶、头顶叶、脑后叶。

我们常常说的"心烦意乱"中的"心"在哪里？一处在大脑边缘系统，一处在和大脑边缘系统相连的"前运动区"。

前运动区可以让我们感受到压力，也可以消解压力。

神经学家曾经在书中写过前运动区受伤的人的案例。

一个人在事故中前运动区受伤，逐渐恢复后，一眼看上去，这个人和其他人没什么不同，会说话，会走路，会自己吃饭。可是，他社会生活的能力失去了。也就是说，他再也无法和他人进行社会性交流了。

这个人会好好说话，却无法与他人很好地交流，也不能再出色地完成工作了。也就是说，前运动区对人作为社会的一员生存下去是不可或缺的，前运动区受损的人无法在人际关系中自如地生活下去。

沉溺于网络的人，前运动区会弱化。他一直看着电脑，不停地敲键盘，和他人之间沟通就出现了障碍，这是一种很危险的状态。

人本来是有抓住对方思想的能力的，也有看透别人内心的能力。

婴儿能通过母亲的声音、视线，甚至是皮肤的温度来读懂母亲的心，就是使用了这样的能力。小孩通过模仿来训练这种能力。比如，小孩模仿周围人的语言和行为，体验和学习对方的心理，懂得对方为什么这么说、这么做，并认识到自己能做什么、不能做什么。

在生活中，很多人会把小孩交给电视去看管，让小孩看电视打发时间，父母去忙自己的事情。可是，儿童在看电视的时候，他的前运动区是得不到发展的。即使他不断地模仿电视里的行为，但是因为看不到别人对他模仿的反应，所以他根本无从判断他的行为别人到底是喜欢还是不喜欢。

有这样的实验数据：给小学里喜欢欺负别人的孩子和不欺负别人的孩子看同一张人物照片，让他们从照片上人物的表情猜测人物的心情。

结果截然不同。

喜欢欺负别人的孩子，分不清表情。他们觉得生气的脸是面无表情，笑脸是嘲笑对方。他们从表情中读懂他人感情的能力明显比不欺负人的孩子差得多。

对孩子来说，前运动区不发达就会导致以上结果。而对大人来说，很多人是因为酒精摄入过度，导致前运动区功能弱化。

很多人喜欢用喝酒的方式减压，喝酒实际上是一个特别错误的方法。凡是对酒精成瘾的人，瘾会越来越大，情绪失控也会变得越来越严重、越来越频繁，因为疲劳和酒精会弱化前运动区的功能，这是很多成年人失控的主要原因。

有句话叫"越穷越累的人日子就会过得越穷越累"。它有一定的道理，当一个人特别贫困、特别累，压力特别大的时候，前运动区会变得越来越不敏感、越来越没反应，对别人的感知力就会越来越弱。

眼睛整天只盯着钱看不到人，想赚钱就会变得更加困难。

前运动区有3大功能：第一个是上述讲到的学习，第二个是工作，第三个是同感。

这3种功能和3种神经紧密相连。

激活学习脑的是多巴胺能神经，多巴胺是一种让大脑兴奋的物质，它带来的兴奋都是快感。

与工作脑密切相关的是去甲肾上腺素能神经，去甲肾上腺素也是一种兴奋质，但是它是和生命危机以及不快这种状态有关系的，它带来的是愤怒、面对危险时的兴奋等感觉。

比如，参加一场重要的演讲，你一定会觉得紧张，手心出汗，压力很大，但这种压力有好处，它会让你变得很亢奋。这时候，你体内就会分泌更多的去甲肾上腺素。去甲肾上腺素会帮助你把工作做得更好。

但是，如果压力过度就不好了，如同你每天都在参加大的比赛，每天都跟别人辩论，每天都像是去与人决斗，脑的兴奋会无法控制，容易引起抑郁症、焦虑性神经症、强迫症等各种精神疾病。

同感脑则由血清素能神经激活，去甲肾上腺素带来的是热情型，就是特别嗨、亢奋的那种感觉，而血清素带来的是冷静。

血清素能神经本身不工作，但是它很重要，它如同一个管弦乐队的指挥，保持着整体的平衡。

通过有规律地释放一定量的血清素，血清素能神经会压抑多巴胺能神经、去甲肾上腺素能神经的过度兴奋，保持整个大脑的平衡，带来"平常心"。

作者在书中总结了血清素的5大功能。

第一是让人保持冷静和清醒。

比如，你早上在一个非常舒适的房间里醒来，被窗外的鸟叫声叫醒，鸟语花香围绕周身，阳光照进屋子。这时候，你不觉得疲乏，而是轻松。那一刻所带来的就是好的状态。

第二是让人保持平常心。

血清素能帮助人们保持一种适当的状态，一个人虽然努力，却拥有"得之，我幸；失之，我命"的态度，就是一种很好的平常心，否则会特别焦虑、颓废且沮丧。

第三是让交感神经适度地兴奋。

过度兴奋会使压力太大，适度兴奋则是一种比较舒适的状态，就像刚刚讲的早上醒来时的那种感觉。

第四是减轻疼痛。

血清素在脑内起着镇静剂的作用。如果一个人身体的伤不重，感觉却很糟糕，很可能是血清素能神经衰弱。反之，如果血清素抑制了压力导致的神经传播，有些疼痛就不那么难以忍受了。

第五是让人保持良好的姿势。

抗重力肌是反重力作用的肌肉，在睡觉时会松弛，清醒时会持续收缩。血清素能神经如果衰弱，抗重力肌的紧张就会弱化，会变得松松垮垮。如果激活血清素能神经，人的姿势和表情就会保持活力。

血清素和抑郁症是有关系的，当然，作者也提到不是所有的抑郁症都是由血清素不足引起的。

抑郁症分为两种：一种是由遗传基因引起的血清素不足所导致的先天性抑郁症，特有的症状叫抑郁状态和焦躁状态反复出现；另一种是由生活习惯引起的血清素不足所导致的后天性抑郁症，原因是作息不规律。很多孩子很小就一直看电视、iPad、手机、电脑，没有更多的时间和人打交道，而是和冷冰冰的机器打交道，那些东西都会抑制血清素的分泌。

制造神奇的血清素

要激活血清素能神经主要有两件法宝：一个是阳光，另一个是韵律运动。

要治疗抑郁和易怒，最重要的就是过有规律的生活，并且吸收阳光。人体只有早上才制造血清素，沐浴早上的阳光，对激活血清素最有效。晒太阳的时间 30 分钟就可以了，晒的时间太长反而会抑制血清素的分泌。

晚上睡不着的人，是因为缺少褪黑素，褪黑素的原料就是血清素。如果一个人白天没有制造出足够的血清素，晚上就没有足够的褪黑素，就会失眠。

除了晒太阳，第二种方法叫作"韵律运动"。广场舞就是一种韵律运动。人类有一个特别奇怪的现象，就是当人们一起做着同样协调的、有韵律的动作时，就会很快乐。在迪厅里，有一个 DJ 统一指挥，大家会很亢奋，这就是原始人的那种感觉。

常见的韵律运动包括散步、跑步、骑自行车、游泳、做健身操、跳舞、做瑜伽、打太极拳、嚼口香糖、打鼓等。

最有效的韵律运动，其实是禅坐和呼吸。

我前一段时间到庙里去住了几天，发现庙里的师父一个个神清气爽。他们每天早上都能晒到太阳，早睡早起，做韵律运动——禅坐和呼吸。

呼吸也是有学问的，书中讲到横膈膜呼吸和腹肌呼吸。

横膈膜呼吸，是从吸气开始的。腹肌呼吸，是从呼气（也就是吐气）开始的——从腹部平坦状态开始呼气，吐到不能再吐时吸气，吸气会在无意识中进行。我们在生活中要多练习腹肌呼吸。

血清素并不是万能的，因为血清素不具备一个特别重要的功能——增强免疫系统的功能。也就是说，减少精神性压力的路径只要锻炼血清素能神经就能得到某种程度的抑制，但减少身体性压力的路径则要靠另一种武器——眼泪。

人的眼泪分三种：第一种是基础眼泪，就是保护眼睛、滋润眼睛的眼泪；第二种是反射性眼泪，切大蒜和洋葱时流这种眼泪；第三种是动情之泪——悲伤和感动的时候流的眼泪。

第三种眼泪才具备抗压能力。通过测量人脑的血流量可知,流动情之泪时,内侧前运动区的血流会增加。小孩通过体验各种眼泪锻炼前运动区。

只要是动情之泪,不管是哪种,都能帮助大脑减少压力。

人醒着的时候,身体由交感神经主导,睡觉的时候切换到副交感神经去控制,交感神经得到缓和。

有时候,睡一觉起来精神好很多,很烦心的事都看轻了,是因为交感神经在睡觉前太紧张了,睡觉的时候切换到副交感神经去工作,压力得到了缓解。

除了睡觉,流动情之泪也可以让交感神经切换到副交感神经。这相当于睡了一觉,让人备感舒适和轻松。书中还补充了一点,演员靠演技流出来的眼泪是不会减压的,反而会增加压力。

尽管哭有很好的效果,哭比笑更能够消解压力,流泪之后的感觉是爽快,大笑以后的感觉是有精神,但我们还是会说"笑比哭好",因为哭很吃力,你不能每天没事就哭一下。笑比哭的时间短,每天可以轻松进行,你可以随时笑一下。

况且,如果一个人总哭,会给周围的人造成很大的压力。古人云,"一人向隅,满座不欢"。

整本书总结起来有3条,特别简单。

第一要作息规律。"日出而作,日入而息",记得早上起来去晒晒太阳。

第二要学会坐禅或者培养一项能够坚持的韵律运动,跳广场舞其实特别好。

第三要每个周末找一部能够令你感动的电影,自己哭一哭,这样的话心情就会好很多。有几部电影我是一看就会哭的:《克莱默夫妇》《女人,四十》《黑暗中的舞者》《红磨坊》。

我们读书会有一位老师分享了她的个人心得:当一个人开始抑郁,症状不严重的时候,可以去旅游,但一定要去海拔高的地区,千万别去海边。到了海边，烦恼会更多，因为海边的海拔太低，含氧量太大，人就容易胡思乱想。到了海拔高的地区，脑子一缺氧就断片儿了。比如，去丽江等地旅游的人，往往一坐就是大半天，身心就能极为放松。

我们可以在这本书里学到一些能帮助我们更好地面对压力的方法。对我个人来说，我还是更喜欢用正念的方法。

了解未来

中篇

共享经济创造奇迹

可汗的之初

从零开始，人人参与

打造指数型组织

人工智能不是人类的仆

人共享的大核

面对未来的正确姿势

大概10岁的时候,我才第一次坐小轿车,下车时还很丢脸地吐了。后来,我爸爸对我和其他小朋友说:"以后你们长大了,大概每人都会有一辆车。"我们当时没人信,甚至连一辆车多少钱这样有野心的问题都没有提出来,而是哄笑着去玩现在孩子没有见过的大规模捉迷藏了。我爸爸不是一个太有前瞻性的人,比如他一辈子都没有买过一套商品房,也没有在适当的时候下海经商,而是老老实实地教了一辈子数学。但在关于车的这件事情上,他真的"一语成谶"了。现在,满大街汽车都成灾了,谁能想到我们曾经是个自行车王国?我爸爸能有这样的预见性,大概缘于数学里的幂次法则。看起来发展很慢的事物，也许在慢慢积攒力量，等待突然爆炸性增长的转折点。

彼得·蒂尔在《从0到1》里很有贡献的见解就是：很多人都以为这个世界是正态分布的，但实际上却是幂次分布的，人口、技术、财富分配都是这样。无法理解幂次分布的人就无法预见未来。就好像我们认为路这么窄，怎么能开那么多车？城市就这么大，要车干吗？还包括，某个城市的人均工资这么低，房价肯定会跌！凡是之前的发展成果被用来开发二次发展的事物，都符合幂次法则，这也是摩尔定律的来源。

《指数型组织》带给我们最大的震撼并不是怎样赚钱，而是正确地认识幂次法则，去除掉内心的线性思维。我把幂次法则用在各个地方，比如读书，一开始大家都觉得自己读书慢，慢到令人绝望，于是很多人就放弃了。但实际上，如果你硬着头皮读起来，会发现阅读速度越来越快，快到自己都怕，因为你的所有阅读都累积在你体内，成为你理解下一本书的基础，幂次法则慢慢开始起作用。

对幂次法则的理解和尊重，是我们应该具备的意识，因为如果拐点已过，今后的发展就会变得越来越快。无人机里的陀螺仪刚应用在军事上时价值上亿美元，现在几乎免费。基因检测原来只有明星才会做，今后也许可以直接在街头自动贩售了。3D打印机最可怕的能力是可以打印它自己，家里缺啥直接自己打印就好。无人便利店、无人旅馆、无人停车场、无人码头、无人工厂……会以迅雷不及掩耳之势进入我们的生活，改变我们的生活，因为技术的发展有两个基本规律，其中之一是指数型发展越来越快，而且永远不会停。但我们不需要像工业革命时的羊毛工一样破坏机器，只要不是一脸懵懂地不知所措，人类总还有自己的机会。

你可以早点儿开始创业赚钱，趁机器人崛起的时候先给自己买两个合成智能，训练好了放出去替自己赚钱，还可以替儿孙们赚钱。你只需要花前月下地与别人讨论文艺即可。如果你觉得这样做脑洞太大难以想象，可以想想有什么东西是机器无法替代的？有人说音乐、绘画、写小说。别逗了，这些机器干起来更得心应手！机器要替代的东西，不在乎有多复杂、需不需要感情，因为这些都只是算法而已。当机器的运算速度超过人脑的时候，需要感情？加把劲儿算一下而已！

要考虑难以被替代的位置，正确的角度是小众。太小众以至于没有人和机器愿意开发这个市场，比如考古。就像照相机的发明把画家变成了小众的艺术家，手机拍照把相机变成了小众的发烧器材一样，以后留给人做的事情多半是追求格调的小众生意。要么成为一个拥有机器的人，要么成为一个高手，不接受机器的挑战。这就是面对未来正确的姿势。当然，还有一条路，就是成为一根"废柴"，等待着机器人救济。也不错，随遇而安。

别只停留在焦虑中，现在可以做的事，是学习、工作、日行一善。少看点儿八卦，多读点儿书。

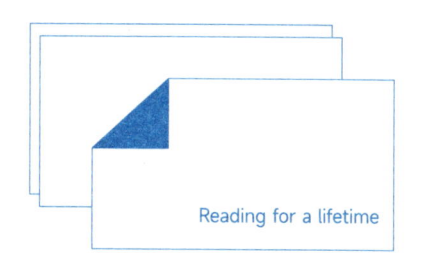

《未来简史》：
从人类如何胜出到人类的未来命运

  我对未来有一些模糊的概念，但是在读了《未来简史》后，我还是被惊到了。

  这本书的作者尤瓦尔·赫拉利写过《人类简史》。《人类简史》最后一章讲到未来，说智人将退场。我当时觉得很奇怪，人类结束，智人退场，下一步会是什么？果不其然没过多久，《未来简史》登场！

  这本书给人的震撼力度是空前的，为了客观地还原作者的原意，我在分享这本书的时候，减少了解读的文字，而让作者本身站出来说话。大家会发现，原来我们所生活的这个时代才是真正大变革的时代。以前的人类曾经遇到过饥荒、瘟疫和战争，那都只是对智人的一些小考验而已。

  赫拉利讲到预测未来并不是要准确地把未来呈现出来，它有时候是为了改变未来。他讲到这样一个例子：

  19世纪中叶，卡尔·马克思提出了卓越的经济见解，并据以预言无产阶级和资产阶级的冲突将日趋激烈，无产阶级注定会取得最后的胜利。马克思当时十分肯定，革命将率先发端于工业革命的领头国，例如英、法、美，接着蔓延到世界其他地区。

但马克思忘了资本家也会读书。……资本家开始有所警觉,也细读了《资本论》,并采用了马克思的许多分析工具和见解。20世纪,从街头的年轻人到各国总统都接受了马克思对经济和历史的思考方式。……

当人们采用了马克思主义的判断时,就会随之改变自己的行为。英法等国的资本家开始改善工人待遇,增强他们的民族意识,并让工人参与政治。因此,当工人开始能在选举中投票、劳工政党在一国又一国陆续取得权力时,资本家也就能够继续高枕无忧。

于是,马克思的预言未能实现。

马克思的预言错了吗?不是,正是因为马克思有了这样的预言,才改变了未来,使得未来没有发生像马克思所预言的那些事情。这并不能说明马克思是一个蹩脚的预言家。相反,可能他的预言更加准确,从而才改变了历史。

这让我觉得脑洞大开,我们评判一个人说得准不准,不是看他说的事发生了没有,而是应该看他说的事对历史有没有影响。

赫拉利在《未来简史》中说智人可能会退场的这个结论,实际上是为了想办法去影响和阻止或者减缓这一切的发生。我们要带着积极的想法思考未来。

死亡的末日

在大概30年或者50年以后,人类将面临的新课题是什么呢?他在开篇就提出了,人类所要面临的新课题,就是人们不再害怕饥荒、瘟疫和战争。

几千年来,饥荒一直是人类最大的敌人。但现在,随着科技、经济和政治的进步,全球形成了一张日益强大的安全网,人类基本脱离了生物贫困线。书中有这样一句话:"对于一般美国人或欧洲人来说,可口可乐对生命造成的威胁,可能远比基地组织要大。"

瘟疫也逐渐不再是人类的威胁。以前,各种流行病肆虐,可以夺走几千万人的生命。而在过去的几十年间，流行病无论在流行程度还是影响方面，都大幅降低。作者还很幽默地调侃，人类面对流行病束手无策的时代很可能已经成为过去，我们可能反而会有点儿怀念它。

第三个好消息是战争正在消失，人类未来真的有可能面临一个没有战争的世界。核武器发明后，超级大国之间还想挑起战事，无异于集体自杀的疯狂举动。而且，过去主要的财富来源是物质，现在的主要财富来源是知识。发动战争有可能抢下油田，却无法霸占知识。

那么，人们会不会觉得只要能避免饥荒、瘟疫和战争，就心满意足了？

当然不会，人类将设立更大胆的目标。

人们第一个主动出击想解决的问题，就是死亡的末日。

死亡的末日就是没有死亡，人们很有可能实现长生不老的目标。

在神话里，中国人认为死亡是黑白无常来索命，西方人认为是死神跟在人后边。

现在的科学让人不再认为是死神在背后等着人们，而是人们身上某些地方出了问题。既然某些地方出了问题，那么就一定能够找到某些方法来治，医学是不会停步的。

医学可以使得一个人一直活下去。

第一种方法是改变基因。

某些领域进展飞快，例如基因工程、再生科学和纳米科技。

以基因工程为例，或许在未来，孩子出生以前，医生就可以改写他的基因代码。如果发现一个孩子聪明、美丽、善良，只是有轻度抑郁症，你当然会想，如果在试管里做些快速又无痛的处理，让他不受苦就好了。

既然都已经做了，那么人们又开始希望这个孩子免疫系统比一般人更强，记忆力比平均水平更高，性格更开朗。

对其他人而言，如果邻居家的孩子这么做了，你怎么办？难道要让自己的孩子输在起跑线上吗？

人类就这样一小步一小步地走着，直到有一天，让自己一直活下去。

有人说："人会那么疯狂吗？想让自己一直活下去？"

我相信会。人们使用的所有高科技，在一开始都不是为了达到永生或者长得更好看这样的目的，都有一个不得不如此的理由。

现代整形外科诞生于第一次世界大战时期，当时医生是为了给伤员做面部修复。但是，在战后，整形手术慢慢变成给面部没有损伤，而只是想变得越来越美的人服务了。

所有的基因工程在一开始都是为了救命，为了治疗癌症、肿瘤、艾滋病，但是解决了这些问题以后，人们一定不会停下来，而是会把它用在让人活得更久或更聪明上。

第二种方法是在血管中注入纳米机器人。

将几百万个纳米机器人注入人们的血管，让它们在血管中巡航、诊断病情并修补损伤。

人类将有可能变得无机化，我认为这是最可行的。

书中写道，最近已有猴子学会如何通过植入猴脑的电极控制与身体不相连的仿生手脚，瘫痪的病人也能够仅靠意念就移动仿生肢体或操作计算机。

作者提到在网上可以买到一种头盔，只要 400 美元。

这是一种电子"读心"头盔，在家里就能够遥控电子设备。这种头盔并不需要把电极植入大脑，而是读取头皮发出的电子信号。如果想开厨房的灯，只要戴上头盔，想象一些事先编程的心理符号，例如想象你的右手做某个动作，就能把开关打开。

未来更神奇，当你想要一把刀飞过去，只要脑袋里一想，砰的一声，刀就飞出去了。

这个想法还是相对保守的，它还是以大脑为中心来展开想象。还有一个更大胆的想法，就是彻底抛弃有机的部分，打造出无机的生命。把大脑的数据采集出来，放到一个计算机上。神经网络将由智能软件取代，这样个体就实现了无机化。

40亿年来，生命还局限在地球上的一小部分区域，但是当无机生命取代有机生命之后，它就可以移居外星球，想去月球就去月球，想去海底两万里就去海底两万里，随心所欲。

当实现了这一切的时候，我们可能还会问，我们追求的幸福、快乐在哪里？虽然拥有了物质，但是如果我们不高兴怎么办？

其实，我们所谓的"感觉"和"情感"，各是一套算法。尽管人是特别复杂的计算机——人现在的大脑反应速度可能是现在这个世界上最快的计算机，但只要是个算法，就会以指数级的速度被破解。一旦人类的喜怒哀乐被破解，所有的幸福和快乐就都能被创造或抑制了。

作者提供的案例令人震撼：在耶路撒冷的哈达萨医院，医生为处于急性抑郁期的躁郁症患者提供了一种创新疗法。他们将电极植入患者的大脑内，并与植入患者胸部的微型计算机连接。每次从计算机得到命令，电极就会放出一股微弱的电流，麻痹造成抑郁的大脑区域。曾有一位患者抱怨症状在术后几个月复发，让他整个人陷入严重抑郁。经过检查，医生发现了问题的根源：计算机的电池没电了。他们一换电池，抑郁症状就烟消云散了。

这种疗法有其伦理限制，研究人员只能在某些特殊的情况下操作。但是书中写道，"人是有自由选择的""人是有意志的""人是万物之灵长"这些话都相继遇到了挑战。科学家们做的各种各样的实验告诉我们，我们所以为的个人感受，事实上都是大脑经过一系列算法之后所得出的结论。

书中有一个实验，受试者躺进一台巨大的脑部扫描设备里，两手各拿一个开关，随时可以按下其中一个。科学家只要观察受试者的大脑神经活动，就能预测出受试者会按哪个开关，而且会比受试者更早感觉到他想按哪一个。

这能叫自由选择吗？作者写道，当一连串的生化反应让我想按右边的开关时，我确实想按，但把这种想按的念头叫作自己的"选择"，这当然不对。

从这个角度来看，幸福和快乐的权利也会被整个儿颠覆，人类有可能会永远开心、永远幸福，而且活得很长。

如此一来，人类的目标就是要让自己成为地球上的神，我们也正高速冲向未知。但是，没有人来踩刹车，人类的科技是不会自己停止的。就算某个科学家说他不做了，但别的科学家还是会做。

智人的胜出

赫拉利论述了智人如何成为这个地球上强大的一个种族，认为认知革命赋予了智人极大的优势。

人们发展出了语言和想象力。

农业革命拉开序幕，为人类提供了必要的物质基础。农民深信诸神的故事，相信神能够保佑风调雨顺。

到了科技革命之后，就算是颠覆了传统宗教建立的秩序，人类社会也没有变得更乱，因为人们构建出了另外一个新的秩序——人文主义宗教。

书里论述了宗教、灵性和科学这三者之间的关系，很有突破性。我们通常都以为，宗教和灵性是离得最近的，赫拉利却告诉我们，宗教和灵性是绝对走不到一起的，宗教和灵性是两个完全相反的方向。

我们过去的误解是，宗教是依靠灵性成长起来的。事实恰恰相反，宗教是反对灵性的，因为灵性所要解决的问题是挑战秩序。

我们可以这样假设，如果你在路上遇到佛陀，你说："我是你的信徒。"佛陀会说："不要你信我，若以色见我，以音声求我，是人行邪道，不得见如来。"这是本意。宗教要巩固世俗秩序，但灵性要逃离世俗秩序。

所以，赫拉利的结论是，宗教和科学倒是往往能成为一对搭档。理论上，科学和宗教都是为了追求真理，但因为推崇的真理不同，也就注定有所冲突。但事实上，科学和宗教十分容易妥协、共存，甚至合作。这是因为：宗教最在乎的其实是秩序，宗教的目的就是创造和维持社会结构；而科学最在乎的则是力量，以治疗疾病、征伐作战、生产食物。很多科技都是在社会最稳定的时候发展的，也就是在宗教发挥了最大作用的时候。灵性却是它们的破坏者，一个人想去禅修、顿悟、修道，就会脱离秩序、挑战秩序。

每一个进入现代的人，都签了一份契约。这个契约只要一句话就能总结：同意放弃意义，换取力量。

过去的人都是为意义而活，认为整个世界都有一个剧本：神创造了这一切，一切都是按照既定的规则进行的。像祥林嫂，她遭受了很多苦难，所以认为如果捐了门槛，就能够获得解脱。她还相信死后有地狱，还有各种各样的考验。

进入现代以后，人们发现一切都可以以科学为依据。除了自己的无知，没有什么能限制我们。这份契约对人类来说是一个巨大的诱惑，但也伴随着巨大的威胁。"无所不能"看似唾手可得，我们的脚下却有一个完全虚无的深渊，现代文化比以往任何文化都感受到了巨大的存在性焦虑。

好在"现代契约给了人类力量，但条件是我们不再相信整个世界有一个伟大的宇宙计划能让生命有意义。然而，如果细查契约条款，会发现有一条赖皮的例外条款。如果人类不用通过伟大的宇宙计划也能找到意义，就不算违背契约。这条例外条款正是现代社会的救赎，因为如果真的没有意义，就不可能维持秩序"。

科技革命之后，人文主义宗教崛起，是尼采所谓的"上帝已死"。

人文主义宗教强调人的感受的重要性，书中写了这样一个案例：法国《查理周刊》曾刊出侮辱伊斯兰教先知穆罕默德的漫画，结果在2015年1月7日，便有恐怖分子杀害该刊员工。接下来几天里，许多伊斯兰教的组织发出声明谴责攻击行为，但有些声明还是忍不住加了一条"但是……"。例如，埃及记者组织虽然谴责恐怖分子使用暴力，但同样谴责该刊"伤害全世界数百万穆斯林的感情"。

作者的分析耐人寻味："今天就算是宗教狂热分子，当他们想煽动大众时，也会使用这种人文主义论调。例如，在过去10年间，以色列的LGBT[①]社群每

[①] LGBT：女同性恋者、男同性恋者、双性恋者和跨性别者的首字母缩写。

年都会在耶路撒冷的街道举行同性恋游行。在这个充满冲突的城市,这一天难得显得如此和平,因为不管是犹太教徒、穆斯林还是基督徒,都忽然有了共同的敌人:同性恋游行。真正有趣的是他们的理由。他们并不会说:'这些罪人不该举办同性恋游行,因为上帝禁止同性恋!'他们会通过麦克风和摄影镜头高声疾呼:'看到同性恋游行居然穿过耶路撒冷这个圣城的中心,实在深深伤害了我们的感情。同性恋者希望我们尊重他们的感受,他们也应该尊重我们的感受。'"

我们能从上述文字中得到这样的信息:就算是宗教领域的人也开始在乎人的感受。此时,人类是鱼与熊掌兼得。上帝已死,但是社会并未崩溃,因为人们找到了另外一个意义,它来自人文主义,就是"人是主宰一切的力量"。人自己的感受是最重要的,所以你只需要 Follow your heart——跟从你的心去感受就好了。

书中还讲了一个重要的例子,1917 年,马塞尔·杜尚买了一个批量生产的普通小便池,宣布这是一件艺术品,命名为《泉》,签了名,放到了巴黎博物馆。

在现代人文主义的世界,这件作品被认为是重要的艺术里程碑。这是一个非常著名的艺术品,很多人为了看它,大老远跑到巴黎去看。

这叫艺术品吗?那只是杜尚买来的一个东西签了个名而已。但是,艺术评论这样解释这一切:只要有人认为是艺术,就是艺术;有人认为美,就是美。这个艺术品的思想性超过了它的实用性,自由意志高于一切。

人文主义宗教慢慢地分化出 3 个不同的门类:第一个是自由主义,认为每个人都是独特的,拥有独一无二的内在声音及永不重复的一连串体验;第二个是社会人文主义,提出人不要再迷恋自己和自身的感觉,要注意他人的感受,注意自己的行为如何影响他人的体验;第三个是进化人文主义,认为有的人就是比别人优越,在人类体验有所冲突时,最适者就该胜出。

人文主义宗教的出现,是我们智人征服世界的过程达到了一个巅峰的体现。

智人的退出

智人会逐渐退出，原因在于科学研究发现了一些可怕的事。以下所引用的两个案例都出自《未来简史》，是我感觉非常震惊的。我把书中的实验准确地呈现给大家，我们会感受到事情的发生是如此真实。

第一点，科学研究发现人是没有自由意志的。

左右手开关实验发现，你以为是自己的判断，自己想按哪个就按哪个，但问题是科学家已经在你做出这个决定之前，就捕捉到了你大脑中的信号。你的喜怒哀乐，想干什么，这都只是算法而已，尽管这个算法在人类过去的7万多年进化过程中没有被破解过。

机器生化鼠的实验室里发生了什么？在一只平常实验用的大鼠脑中掌管感觉和奖励的区域植入电极，接下来，大鼠可以干任何事。我们不仅能控制大鼠左转或右转，还能让大鼠爬梯子、用嗅觉查垃圾堆，以及做些大鼠通常不爱做的事情，例如从很高的地方一跃而下。

动物福利组织担心这些实验会对大鼠造成伤害，但纽约州立大学机器生化鼠研究先驱桑吉夫·塔瓦尔认为这些担心是多余的，大鼠其实很享受这些实验。每次用电极刺激这些大鼠大脑中的掌管奖励的中心区域，它们就会很高兴做这些事。

这就是对生物的嘲弄，人们可以用计算机控制的方法、生物化学的方法来控制一个活生生的物体，还让它觉得是自愿的。

另外，《新科学家》的一名叫莎莉·埃迪的记者去参加一个实验。

她一开始不戴头盔，进入战场模拟室，20个蒙面男子绑着自杀式炸弹、手持步枪，直接向她冲来，令她一阵惊恐。她开枪了，但她觉得自己表现太差，沮丧到简直想把枪丢下一走了之。

然后，她戴上了头盔。她感到一点儿轻微的刺痛，嘴里有金属味。

这时候发生了一件奇怪的事，莎莉再拿起枪去玩这个游戏的时候，觉得大脑中除了开枪这件事，没有任何私心杂念，之前的恐怖、害怕、不知所措等情绪全没有了。

她非常冷静地开枪，一枪一个目标。20分钟后，所有的"敌人"全部被她打死了。一个从来没有受过训练的人，戴上头盔之后，立刻变成了一个冷血杀手。然后，当她把这个头盔摘下以后，她连续几个星期都希望有人再让她戴上头盔。

私心了无，每天都非常专注地做当下所做的事，这个人会变得没有情感，没有犹豫、彷徨、患得患失、焦虑、生气……一个普通人瞬间被改造成了王阳明，或者说被改造成了稻盛和夫。

王阳明讲知行合一，稻盛和夫讲私心了无、动机至纯，用这一个头盔全可以解决了。

这项技术在未来会更加纯熟，通过控制你的大脑，把那些不要的情绪都过滤掉，让一个人能全身心投入一件事。我相信这个产品将来会卖脱销。

人们就是这样变成超人的，人们都想成为被加强过的人。

人的自由一直是会被技术破解的。

第二点，人是可以分割的。

"个人"的英文单词是individual，其含义为"不可分割的"。

实际上，人类绝非"不可分割"，而是由许多分割的部分组成的。书中写道：

> 人脑就由左脑和右脑两个脑半球组成，中间由一束神经纤维连接。
> ……在大多数情况下，左脑在语言和逻辑推理时扮演着较重要的角色，右脑则在处理空间信息时有较大优势。

在左右脑关系的研究上，许多突破源自对癫痫患者的研究。20世纪中叶，医生对待癫痫发作时期的患者，最后一招就是把连接两个半球的神经纤维切断。

对这些"脑裂"患者,有一个实验是这样的:

> ……让掌管非语言能力的右脑看到一张色情图片。受试者开始脸红、咯咯笑着。"你看到了什么?"研究人员语带狡黠地问道。受试者的左脑说:"没什么,只是有光闪了一下。"但她立刻又开始咯咯笑起来,还用手遮住了自己的嘴。"那你为什么会笑呢?"研究人员追问。同样一头雾水的左脑翻译官拼尽全力想找出一些合理的解释,于是回答说因为房间里有部机器看起来很好笑。

所有人都会用到这样的机制,自己编一些故事,到最后,自己都信了自己编的故事。

从这一点往下延伸,我们会发现,所谓的"自我"往往也是虚构出来的。

这接近佛法,佛法看"我",是没有一个真实的自我存在的,所谓的"自我"是因缘和合的结果。

现在,科学家们发现人的所谓"自我"的感觉也是大量算法的结果,是一种各种事物的普遍结合。

人们产生的所谓"自尊""自我认同"的感觉,其实只是一种算法。

这种算法在过去没有什么能超越人的速度,人有最快的算法,但是到今天,阿尔法狗可以横扫围棋界。

曾经,计算机有它的缺陷,有很多做不到的事,计算机对于图像的识别就比人要慢得多。一个 2 岁的孩子看一眼照片,就认出照片上是一只小狗,计算机需要经过大量计算,才能够知道这是一只小狗。

可现在计算机识别人脸的速度已经比人的识别速度快太多了。我一个朋友去参加一个很重要的会议,门上有一个大屏幕,人们只要从那里经过,个人的照片和名字就投射过去,面部识别检验合格才允许通过。他想调皮一下,故意拿一条围巾把代表证遮住,把头低下来,不看镜头。他想挑战一下人脸识别系统，试试看能不能报警，结果还是非常轻松地被识别了出来。

我们过去会认为国际象棋是一门复杂的学问，计算机是学不会的，但计算机根本不只是一个被编好的程序。如果你把计算机理解为人编好的程序的话，那么编这个程序的人就得比李世石、聂卫平更厉害才行。但问题是，机器自己在学习、进化，在不断地改变。

编程工程师可能根本不具备国际象棋世界一流的水平，但是他编好程序的计算机却可以比全世界所有人都下得好。

那么接下来，我们将会看到人普遍被计算机替代。

首先发生在劳动力市场，劳动力会被大量替代。

过去，我们认为计算机能取代很多体力劳动者，可艺术是我们最终的圣殿。

《未来简史》颠覆了这样的认知：戴维·柯普——一个加利福尼亚大学圣克鲁兹分校的音乐学教授，写了一个叫作EMI的程序，EMI小程序模仿巴赫作曲。一天的时间，它写出了5000首巴赫风格的赞美诗。柯普拿出几首，安排在圣克鲁兹的一次音乐节上演出。演出激动人心，观众反应强烈，大家都在表扬这些音乐是多么美好，多么打动人们的心灵。等到真相被揭开，有些人气得一语不发，有人甚至发出怒吼。

俄勒冈大学的史蒂夫·拉尔森向柯普挑战：来一场人机音乐对决，让观众投票，看3首曲子的作者到底是谁，作曲者分别是巴赫、EMI和拉尔森。

表演结束，观众认为是巴赫的其实是EMI，认为是拉尔森的其实是巴赫，认为是EMI的其实是拉尔森。

我们看到，连作曲这样的事情机器都可以替代，未来将有多少职业会被替代呢？

那有没有不能被替代的职业？

作者讲到，到了2033年，计算机取代考古学家的可能性只有0.7%，因为这种工作需要精密的模式识别能力，而能够产生的利润又太少了，人们没有动力来研究和投入资本让考古自动化。

其他需要大批人来做的事，比如司机、工人、教师、医生、律师、交易员，都会被机器替代，未经强化过的人将会变得无用。

人类未来所面临的一个巨大难题，就是如何面对这个社会上出现的这么多无用的人。当机器能够创造无数财富，足够全人类使用，人类可能真的不需要工作就能获得各种各样的东西的时候，人的存在会失去意义。

比如，未来的战争不会有大规模的兵团作战。书中是这样描述的：

> 21世纪最先进的军队，主要靠的是尖端科技。现在的战争需要的不再是人数无上限的炮灰，而是精挑细选少数训练精良的士兵，甚至人数更少的特种部队超级战士，加上几个知道如何生产和使用先进科技的专家……
>
> 有血有肉的战士除了行事难以预测，还容易受到恐惧、饥饿和疲劳的影响，思考及行动的速度也越来越无法赶上现代战争的步调……但一场网络战的时间可能只有几分钟。在网络指挥中心值勤的中尉发现有异常状况后，就算立刻致电上级，上级再立刻上报白宫，最后还是只能一声哀叹，因为等到总统接到消息，这场战争早已一败涂地。只要短短几秒，计划精密的网络攻击就能够让全美电网断电，破坏航空管制中心，造成核电厂和化学工厂大量事故，干扰警察、军队和情报通信网络，甚至是抹除所有金融记录，让数万亿美元就这样消失于无形，没人知道究竟哪些钱归谁所有。这种时候，唯一让民众还不会歇斯底里的原因，就是网络、电视和广播也全面断线，所以大家连情况有多惨都不知道。

这就是未来战争的方式。

连打仗都不需要人的时候，整个社会的体制也会发生改变。

1793年春天，欧洲各王室派出军队，希望将法国大革命扼杀于襁褓之中。巴黎革命分子则宣布全国总动员，发动第一波全面战争。8月23日，法国国民公会（National Convention）下令："从现在起到一切敌人被逐出共和国领土时止，全法国人民始终处于征发状态，以便为军事服务。动员是普遍的。18岁至25岁的未婚公民或无子女的鳏夫①应首先参军，青年人则去打仗；已婚男子则制造武器和运送粮食；妇女则制造帐篷、衣服和服务于医务；儿童则将旧布改成绷带……"

法国大革命最著名的文件《人权和公民权宣言》认定所有公民都拥有同等价值，享有平等的政治权力。有学者认为，让公民拥有政治权力就能增强他们的动机和进取心，而这在战场上和工厂里都大有益处。

但在未来，我们会发现，智能会比意识更重要。我们认为人有自己选择的意识，但只要有了足够的智能，人的意识就会被放在一边。

作者写道："像民主选举这种自由主义的做法将会遭到淘汰，因为谷歌会比我自己更了解我的政治观点。我站在投票站里的时候，自由主义让我要听听内心真实自我的声音，选择能够反映我最高期望的政党或候选人。但生命科学却指出，我站在投票站里的时候，并不真正记得上次选举以来这几年的所有感受和想法。此外，我还被各种宣传、公关手法和随机想法不断轰炸，很可能扭曲我该做的选择。……

"如果我授权谷歌来帮我投票，就能摆脱这样的命运了。……但过去四年的点点滴滴一样记得清清楚楚……谷歌知道怎样看穿公关人员华而不实的口号。……谷歌投票时，依据的不是我当下瞬间的心态……而是集合所有生化算法真正的感受和兴趣得出的结果……正是所谓的'我'。"

所以在未来，整个世界全部是互联在一起的，所有的东西都可通过数据来操作。

---

① "鳏夫"是指无妻或丧妻的人，原书译者用词不当，为尊重原文不做修改。

以我自己为例，我以前不会依赖导航。但用了很多次以后，我觉得导航很靠谱，就离不开它了。如果自动驾驶出现，人就有可能把自己交给它，一切让程序做决定。这意味着我们将出卖个人的所有信息，就是将自己在哪儿、想去哪儿这些信息全部告诉计算机网络。

那么，今后计算机就会掌控全世界所有人的信息。事实上，今天许多人已经放弃了自己的隐私，把许多生命的点滴全放在网络上，把自己的每个行动都记录下来。

如果无人驾驶实现，计算机就可以将所有车辆连接成单一网络，从而大大降低车祸发生率，还能够大幅节省时间和金钱，并且拯救人的生命。不过，这也会使几千万人失业。

大家想想汽车取代马车的时候，就知道这有多么残酷了。任何一批农场里的马，不论在嗅觉、爱的能力、认人的能力、跳过栅栏的能力，还是其他上千件事情上，绝对都远高于汽车。人们喜欢马，把马当作朋友，有很多细腻的感情。汽车就是个机器，连算法都很少，但马仍然被汽车取代了。在这个选择上，人类毫不留情。

我们这些智人就是未来的马，因为我们做很多事都没有机器做得好，机器做很多事没有太高成本、没有事故、不会请假、没有情绪。

比如医生，医生看病的结果与他当天的情绪有着很大的关系：医生昨天跟人吵了一架，今天心情不好，就可能开错药；医生没睡好觉，开刀时手一抖就可能出问题。

如果你有一台超级计算机"沃森"，它比人类医生有很多巨大的潜在优势。它不会累，没有情绪，能真正实现永不止息的学习和精进。当它的数据越来越厉害的时候，它比医生进步还快！

人们是否愿意把健康这类大事交给计算机呢？书中写道："2013年5月14日，女星安吉丽娜·朱莉在《纽约时报》上发表了一篇文章，解释她为何决定进行双乳乳腺切除术。多年来，由于母亲和外祖母双双在相对年轻时因癌症过世，她一直活在乳腺癌的阴影下。而她自己做了基因测试，证实带有致癌变异基因 BRCA 1。根据最近的统计调查，带有此类变异基因的女性，罹患乳腺癌的概率高达 87%。虽然当时她并未患癌，但她决定干预这种可怕的疾病，于是进行了双乳乳腺切除手术。"

在这个案例中，我们不会觉得算法是来占领和奴役人类的，反而觉得它帮了大忙，帮我们做了明智的抉择。

可是，随着这些算法逐渐超过人类算法，人们就把自己的全部交托给了它们。当习惯了依赖，人们就变成了可能比猴子好一点儿的生物，甚至在计算机看来，人是宠物，或者它们觉得自己才是人类的造物主，是它们造就了我们。

比如，有可能将来的人连和谁结婚都可以交给机器了。

书中有这样一段描写，特别有趣——两个男孩我觉得都特别好，不知道该怎么抉择，怎么办？问谷歌！

"嘿，谷歌。约翰和保罗都在追我，我两个都很喜欢，但喜欢的点不太一样，很难做决定。根据你手上所有的资料，你怎么建议？"

谷歌就会回答："这个嘛，我从你出生那天起就认识你了。我读过你所有电子邮件，听过你所有电话录音，知道你最爱的电影，也有你的 DNA 资料和完整的心跳记录。你过去每次约会我都有精确的数据，如果你要的话，我可以把你过去和约翰或保罗约会时的资料调出来，显示你每秒的心跳、血压或血糖值变化……当然，我对他们的认识也不少于对你的认识。所以，基于以上所有信息和我杰出的算法，加上几十年来几百万对伴侣的统计资料，我建议你挑约翰。大约有 87% 的概率，你们长期满意度会比较高。

"当然，因为我非常了解你，所以我知道你不会喜欢这个答案。保罗长得比约翰帅，而你又太看重外表，所以你其实内心希望我的答案是保罗。确实，外表很重要，但实在没有你想的那么重要。你体内的生化算法是从数万年前的非洲大草原开始进化的，在对于潜在配偶的整体评价之中，外表占了35%。至于我的算法，是基于最新的研究和统计数据，认为外表对于长期成功的浪漫关系只有14%的影响。所以，虽然我已经把保罗的外表纳入考虑，但还是认为约翰是你更好的选择。"

这就是未来一个姑娘找对象的时候所得到的建议。一切东西都要通过谷歌背后的算法，因为它采集了所有的数据。

曾经，人们追求个人的感受，只要认为是对的就可以去做。现在，Just do it（就去做）这样的想法过时了，一切都可以通过算法来解决。就好像我们现在开车出门，已经不再相信自己的判断了。我开车总是不看导航，后来慢慢发现我经常被堵在路上。别人提醒我可以用一下导航的避免拥堵的功能，果然，在事实面前我服气了。

人类会像适应导航一样，慢慢适应各种各样的事情。一有问题，就会去问数据，结果就是人文主义倒台。

未来的可能性

当人文主义倒台后，这个世界会不会乱？

赫拉利这本书很精彩的部分，就是他讲了未来的可能性，未来会出现新的宗教。这种耐人寻味的新兴宗教叫数据主义，它崇拜的既不是神，也不是人，而是数据。

智人数据处理系统分为4个阶段。

第一阶段是认知革命，此阶段将大量智人连接为单一数据处理网络。这一点让智人拥有超乎其他动物物种的关键优势。

第二阶段是从农业革命开始，其间发明了文字和货币。农业让更多人生活在一起，形成密集的地方网络，各自拥有数量空前的处理器。

第三阶段始于大约5000年前，人类的各个团体融合起来，形成城市和王国，人类已经开始有意识地想象着要建立涵盖整个地球的单一网络。

第四个阶段也是最后一个阶段，大约始于 1492 年，早期的现代探险家、征服者和交易商一起编织了覆盖整个世界的几条线。这些线越来越坚实、紧密，到了 21 世纪形成了钢铁和沥青构成的网络。更重要的是，信息能够在这个全球网络里越来越自由地流动。

作者写道，如果人类整体是单一的数据处理系统，数据主义者就会说，这个数据处理系统产出的会是一个全新的甚至效率更高的数据处理系统，成为"万物互联网"。只要这个任务完成，智人就会功成身退。

每一种宗教都有诫命，数据主义的第一条（也是最重要的）诫命，就是数据主义者要连接越来越多的媒介，产生和使用越来越多的信息，让数据流最大化。

第二条诫命就是要把一切都连接到系统，就连那些不想连入的异端也不例外。

赫拉利写道："人类的身体自不必说，还包括街上行驶的车、厨房里的冰箱、鸡舍里的鸡、树林里的树，一切都要连接到万物互联网上。以后，冰箱就会监视鸡蛋还剩几颗，并在需要补货时自动通知鸡舍。汽车能够互相交谈，树木则会报告天气和二氧化碳含量。我们不会容许宇宙的任何部分与这个伟大的生命网络分开，而如果斗胆阻碍数据的流通，就是犯了大罪。信息不再流通，与死亡有何异？"

这就是未来的数据主义的理念。数据主义已经有了殉道者，2013 年 1 月 11 日，有一个叫艾伦·施瓦茨的黑客在自家的公寓里自杀身亡。

这个人是信息自由的坚定信徒。在期刊数据库 JSTOR 里，用户付费就能获得自己所需的论文。施瓦茨认为必须付费才能获得所需论文的做法是错误的，他利用麻省理工学院的计算机网络进入 JSTOR，下载了数十万份科学论文，打算全部公开到互联网上，让人人可以免费阅读。

他被逮捕了，并被送上了法庭。而后，他上吊自杀了。对于控告施瓦茨的机构，黑客们发动了请愿和攻击。最后，JSTOR 对自己在这起悲剧中扮演的角色表示歉意，并开放了许多数据内容供人免费使用。

这是一个数据主义的传教士和传统力量抗衡的案例。

这本书有 3 条结论很重要。

第一个是科学正逐渐让我们聚合在无所不包的教条之中，生命则是在进行数据处理。当计算机处理数据的速度高过人自身处理数据的速度时，人类就面临着进化的要求：要么变成被强化过的人，要么就是被淘汰的落后的生物。

第二个是智能正在与意识脱钩，人不是靠自己的意识来指挥智能，所谓的"自我"未必存在。

第三个是无意识但具备高度智能的算法可能很快就会比我们更了解我们自己。

未来会发生这么多有趣的事，未来是什么时候呢？

它到来的时间一定会比我们预测的要早，指数级的发展速度之快超越想象。

我们人类在过去几千年里，几乎是处在这个指数级的下部，发展特别缓慢。一个古代的人如果在古代穿越，无论在哪个朝代，都能生活得很好，因为差别不大。工业革命以后，这个指数曲线开始翘头，慢慢往上走，因为科技革命来了，人类的发展慢慢变快了。信息革命之后，一切变得更快，我们 5 年前或者 3 年前的网络环境，和现在都有很大的不同。

算法远远超过人脑的时候会高速发展，所以可能 20 年、30 年、50 年后，我们整个世界就会变成人人都在讨论怎样永生。

我听过很多人讲最好不要让他们赶上这一天，我没有那么悲观，我很期待，我们可以试试看能不能成为被加强的人。

我们需要学会拥抱未来，同时享受当下，不要因为担忧未来而现在什么都不做。在这之前，你先多干点儿事，为自己积累一些拥抱未来的资本。享受当下，把眼前的每件事都做得更好，等到所有的东西出现的时候，你不会比别人觉得更诧异，因为你已经做好了迎接它的准备。

Reading for a lifetime

《人工智能时代》：未来时代的生活

我家有了一个新成员，是进化者机器人。它看起来挺笨拙的，但是我认为这是一个见证历史的产品。将来，机器人会走入家庭，有可能在屋里跑来跑去，把家里各种各样的事都做了。我们想一下，第一代手机、第一代智能机、现在的手机有多么大的变化。

科技发展的速度都是以幂次的方式在进行的，我看好人工智能的未来。

《人工智能时代》这本书的英文名字叫作 Humans Need Not Apply。我找了一个美国的朋友来解释英文的意思，这是有典故的：苏格兰人到美国去找工作的时候，发现有句话叫："Scotland need not apply."（我们不招苏格兰人。）苏格兰人当然觉得不公平，还编了一首歌来唱这件事。"不招苏格兰人"后来成了一句俚语。本书的作者用 Humans need not apply 做书名，翻译过来就是"我们不招人类"，即未来没有人类的职位，所有的职位都交给了人工智能。

《人工智能时代》的作者是杰瑞·卡普兰，他是斯坦福大学的人工智能专家，也是硅谷传奇的连续创业家。他有一个很有说服力的例子：我们的高速公路要了很多动物的命，因为被不幸轧死的小动物没有感知到两吨重的东西从路上呼啸而过。同样地，我们也没有词语来形容即将发生的科技变革，我们在所谓的"信息高速公路"上面临着毙命的危险。

所以，如果不了解人工智能时代会发生些什么，一个人也可能被历史的车轮无情地碾轧过去。工业革命的时候，很多人破坏机器，希望通过阻止机器的运转来让自己能够继续活下去，但是这么做阻挡不了历史前进的步伐。

我们来一起了解一下人工智能时代。

人工智能不是人类的仆人

人工智能不是顺从人类的仆人，现在的进化者机器人已经跟我们过去所设计的不一样了。

第一，我们通常所说的信息技术发生的改变，不是一点点，也不是很大的改变，而是实现了指数级增长。

指数级增长的结果超越人的想象：100、1000、10000（10 的幂），32、64、128（2 的幂）是容易理解的例子，但是当重复上述例子中的运算 80 次后，得到的数字已经庞大到用语言很难描述了。

英特尔的联合创始人戈登·摩尔在 1965 年就注意到了这样的趋势，也就是摩尔定律。

我们想一下智能手机的发展，开始的时候有 8G 的内存，没几年就扩充到了 16G 内存，然后是 32G、64G。现在的手机只是沿用了"手机"这个名字，但性能和功能早已实现了指数级增长。

又如 1980 年，网络的概念基本不存在，现在，上百亿台设备几乎在一瞬间就可以分享数据。

第二，机器会学习、会进步，真正的人工智能有学习功能。它在跟人不断对话的过程中，不断地学习、累积、改进。它不再是按照设定的程序工作了，而是会学习。

对于机器学习系统的最好理解就是，它们发展出了自己的直觉力，然后用直觉来行动，这和以前的谣言——它们"只能按照编号的程序工作"大不相同。

有人向我展示了语音学习的系统，就是我们只需要用声音跟它说一些词（一般1万个字就足够了），它就能完全模仿我们的声音。从声音的角度，我承认我都听不出来和我本人的差别，只是语气上稍微有一点儿不同。

第三，机器人工业设计的改良。机器人一定要跟工业设计相结合。如果没有优秀的工业技术做基础的话，做出来的机器人就不好用。新的设计要使用更轻量的材料和更复杂的控制机制，使产品造成破坏的可能性更小。

第四，机器感知领域的突破。机器有眼睛，可以识别，可以看。用人工识别的方式制造无人驾驶汽车，它的行驶速度就会很快。

这就是机器人学习和机器人识别的能力，它能够看、听、做计划，还能够根据外在的环境改变而调整自己的计划。

在这些技术成熟的基础上，人工智能时代即将到来。

比如，人们都不爱干刷油漆的工作，今后的油漆工作可能会交给飞行的机器人。它们像无人机一样飞起来，带一个喷嘴，均匀地在墙面上喷油漆，可以刷所有地方。用的时间可能不到人工的一半，收费也只是人工费用的零头。

现在，机器人已经很厉害了，比如在美国内华达州的沙漠里领航的远程无人机，摆脱了不便的区域限制，可以在阿富汗投放"地狱火"导弹。

当未来"集群机器人"出现的时候，完成任务将更加灵活。比如，大楼里发生了火灾，把集群机器人调动出来，在人的周围形成一个保护网，火烧不进去。它们还会突然变形，在需要的时候变成一座桥。或者在森林里巡游，让它们像蜜蜂一样飞，哪里发生火情，它们便发出信号，机器人会全部飞过去一起灭火。

美国交通部正在做V2V的通信协议——就是汽车对汽车的通信协议。一旦这个东西做好了，自动驾驶将更可能实现。

真正的无人驾驶时代的样子，不要简单地想象成是自动驾驶的车，只是座位没人，它就自行驾驶了。不是那么简单，这种新科技将会革命性地改变我们对交通的理解。

根据美国汽车协会的说法，2013年，车主在车辆上的平均花销每年高达9151美元（其中包括折旧、油、保养以及保险，但是并不包括资金成本），年行驶里程达2.4万千米。美国平均每户家庭有2辆车，每年的花销达到1.8万美元，也就是说，大概每千米96美分，而由众人分享的自动驾驶汽车的使用费据估计只有每千米24美分。

这时，人们的观念就发生了很大的变化。买车不再是"必要的消费"，大家可以把用来买车的钱做更多有趣的事。

杰瑞·卡普兰认为，社会趋势的变化使未来可能更像过去。

过去的厨房没有洗碗机、微波炉、抽油烟机等家电，就是一口锅，拿柴火塞进灶膛去烧。工业化给我们带来的是分工和精细化，甚至连削土豆皮，都要发明一个新的机器。家变得越来越复杂，东西越来越多。

真正的人工智能时代，一个机器全解决，它会把所有活儿全部揽在自己身上。因为人工智能可以自己调整、自己学习、自己改变，所以它会像瑞士军刀一样，家就会变得更像古代的家。

谷歌的一个研发目标是墙，现在的墙除了载重，没有别的作用。谷歌想让墙变成智能的，发挥它应有的作用：我们可以在墙壁上展示图像，使用光反应性涂料。该技术将能够不断地更新图像，还可以支持视频播放。

未来可能更像过去，这对我有极大的启发：过去针对一个问题去发明一个东西的想法，彻底发生了改变。比如最新的机器人，我说看一下空气指数，它就报空气指数。然后，它有空气自动监测功能，只要室内的空气不达标，它就会自动净化。它会放投影，孩子想看迪士尼的卡通片，它就自己去找片源；你想听周杰伦的歌，随时都可以听。你的家不需要一个空气净化器，一个投影仪、音箱。最后，它还可以有安保的功能，你不在家的时候，可以打开摄像头，看整个家里的状况，出现异常，可以及时报警。

这不是空想，比如亚马逊，它整合了多类型的店，原来我们有书店、鞋店、服装店、电器店等，亚马逊一个店就够了。

谷歌整合了图书馆，整合了报纸、黄页、书籍。

Facebook（脸书，现改名为 Meta）整合了明信片，还整合了邀请函、感谢信、聚会、聊天。

它们把很多过去我们需要在不同场景中实现的功能，用一个东西就整合了。人工智能将会让我们的生活更简单，把功能整合在一个相对朴素的外表之下，而不是我们所想象的又多了很多"玩具"。

人工智能带来的冲击

这样会出现一个严重的社会问题——贫富差距变得更大，富人会有更多的钱拥有这些便利，能节省成本，富人赚钱会变得越来越容易；反过来，穷人由于缺乏技能将被机器无情地淘汰，有可能会变得更穷。

这里还有人工智能的交易问题，有一个人叫大卫·肖，他和这本书的作者杰瑞·卡普兰曾经是同一个学校里的好哥们儿。

大卫·肖毕业后，1986 年就进入了摩根士丹利。摩根士丹利聘用他的目的是希望他来研究怎样用机器进行交易。

大卫·肖发现，你按下一个键的这 0.1 秒中，你是掌控不了时间的，还有一个时间差。这个键摁下去，到信号传递到数据中心，发出要买一只股票的请求，这当中有 0.1 秒的时间足够让机器买卖 10 万次。

后来，大卫·肖离开摩根士丹利，成立了一家名叫 D. E. Shaw 的公司，是用他的名字命名的。后来，他被称作"宽客之王"，做高频交易。

大卫·肖很聪明，他发现：虽然比竞争对手交易得更快是一个优势，但是真正的挑战在于快速分析世界金融市场上奔腾不息的数据流——而摩根士丹利拥有距离"河流"最近的位置。

高频交易从原则上说，是可以让人受益的，但实际上真正受益的是系统的创造者和运营者。

书中举了这样一个例子：假设在你的镇子上有一个隐形的机器人，跟在一个人身后，如果这个人掉了硬币，它就捡起来。捡起来后，它不还给这个人，而是把捡的所有硬币都拿给它的主人，这就是高频交易的特征——它捡了全社会人的漏。

无论你对高频交易持有怎样的看法，它都难以避免地在为某一部分群体创造价值。

这是有风险的，机器人一旦疯狂起来，比人更疯狂。

书中有这样一个案例：2010年5月6日，高频交易程序就出现了问题。开始的时候，是一位倒霉的投资经理下了一个很大的单，然后他就去忙别的事情了。问题就出现在这一刻，没有人购买这个证券，于是在无人看管的情况下，价格陡然下跌了。程序开始自动执行"止损"命令，愿意以任何价格卖出，这个比例的分母不断变大。书中写道：

>……安装在全世界的高频交易程序中认真负责的安全警报拉响了。有些用来检测不正常市场波动的程序为了保护出资人的钱，开始尽职地以疯狂的速度平仓。这是一场在瞬间发生的、火力全开的电子银行挤兑。那些更加激进的程序感觉到了少见的机遇，闻到水中掺有的血的味道，把正在疯狂买进卖出的电子同伴当作逃跑的猎物，依照它们的专有算法进行着疯狂的交易，而算法所预测的这些丰厚的价差马上就会消失。因为这种空前的交易量，报告系统落后了，错误信息加剧了连环相撞。苹果的股价莫名其妙地升到了10万美元一股，而埃森哲咨询公司的股价则坠落到了特价甩卖区——每股1美分。
>
>……一个低调的组织通过一个简单的行动拯救了这一天。芝加哥商品交易所（Chicago Mercantile Exchange）……在短短5秒钟内停止了所有交易。

这有点儿让人毛骨悚然，就是当你自以为安全地把钱交给股票市场、证券市场的时候,你有没有想过你的钱根本不是人在管,而很有可能是由不靠经验来判断的机器在管?

很多人会用机器进行交易,很多行业会发生彻底的改变。我参加一个广告业的聚会时,看到有人特别卖力地想拉业务。我看着觉得特别心酸,因为现在很多人投放广告已经不再依靠被你感动了,而是变得特别机器化。

当你的手摁下按键点开网页的那一刻,在你等这个网页的那一两秒钟之内,后台进行着一个非常快速、强大的抢单活动,在快速地运算给你看什么广告。其间已经完成了无数次招投标,大量的甲方把钱放在了这里。

现在网页上弹出来的广告,跟你想要的东西越来越接近。它太了解你了,给你推送的都是你喜欢的内容。

在未来,穷人怎么跟有钱人竞争?有钱的财团能够拥有具有研究能力的人,他们可以掌握技术,而普通的劳动者是很难拥有先进技术的。而且,还会引发的问题是,机器本身没有道德感。比如,我们看到一个车位,会犹豫要不要和孕妇抢这个车位,但如果是机器操控,立即就占了这个车位。所以,机器越来越多地掌控我们的生活以后,它会让这个世界的不公被不断放大。随着人工智能的不断发展,还会出现决策权的转移。现在,这个社会的事情基本上都是由人来决策的,在未来,很多事则是由机器来决定的。

这里有一个非常重要的案例——亚马逊的创始人贝索斯。

本书作者卡普兰在我们看来是一个很有钱的人,书中写到他的家:

我的家坐落在一块4000多平方米的平地上,这片土地上长有壮美的橡树、红杉、梧桐树,我们出门后不用走多久就能到达电影院、公园、精致的餐馆,以及任何你可以想象得到的服务设施。在太阳落山之前,上百只乌鸦会聚集在我们巨大的梧桐树上,在天黑之前进行一场喧闹的会议。成双成对的哀鸠恬淡地落在电线上密切地关注着它们的后代,偶尔会落入威严的红尾加州鹰的监视范围。

无聊怎么办？你可以坐在壁炉边的沙发上、在室外棋盘上下象棋、在水池旁边的露台上消磨时光、在浴缸中泡个热水澡、在室外来个烧烤、在门廊的秋千上放松一下、在前庭草坪玩门球，或者你还可以在修剪整齐的玫瑰花间漫步。想在室外听音乐？我们有两个分布式的高品质音响系统隐藏在不同区域。

但是，作者写这些不是为了炫富，他想说的是，根据美国近期以收入为基础的数据统计，他甚至不算是传说中的 1% 的美国人，他的很多朋友让他看起来像乞丐一样穷。然而，就算是他最富有的朋友，离进入福布斯榜单还差得远。贝索斯就在这张榜单上。

福布斯估算截至 2011 年 3 月，贝索斯的个人资产达到了 320 亿美元。

与之相比的是，受 2009 年经济衰退的影响，加利福尼亚州的财政预算赤字达到 263 亿美元，这可比贝索斯的资本净值少多了。

贝索斯周六一边上高尔夫球课一边赚的钱，就比 4 个大学毕业生的一生所得加起来还要多。

贝索斯和前面提到的大卫·肖大有渊源，贝索斯拥有双学士学位，还在华尔街从事一系列技术工作，他后来在大卫·肖的公司工作。有一天，贝索斯辞职了，原因只有他和大卫·肖知道。

贝索斯从大卫·肖那里学会了：真正的价值不在于存货，而在于数据。

数据对亚马逊来说是最重要的东西，亚马逊甚至可以不拥有自己的仓库，只需要知道供货方所有的数据，知道愿意买东西的人的所有数据，就可以在他们之间不断地进行匹配，从而获得利润。这跟 D.E.Shaw 当时的思路如出一辙。

亚马逊会根据对你当前的供应状况的分析，不断地调整价格，计算你到底愿意付多少钱。比如，你买这个东西是因为自己喜欢还是着急要给别人送礼。如果现在是圣诞节，那么坚决不给你打折，价格就会上去，而这一切都不是由人来决定的，而是用人工智能的计算来决定的。

很多亚马逊的用户发现购物车里的东西，价格有时候会涨，有时候会降。它通过复杂的算法来取得一定的收益。因此，贝索斯所做的亚马逊，核心跟 D.E.Shaw 所做的高频交易公司一样，都是通过机器的快速决策来解决问题。所以，他迈进了全世界最有钱的人的行列。

硬币的另一面是另一群人，作者的一名前员工内斯特在加利福尼亚州出生和长大，他的父母都是努力工作的移民。他 28 岁的时候得到了一个大学文凭，每天至少花 8 小时浏览招聘信息，无休止地投了 3 个月的简历，共 1800 份，然而一个面试邀请都没有。

后来，机会终于出现了。他找到了一份工作——去作者创办的公司上班，并以谦卑的态度去工作。有时候，他的车坏了，直到他领到工资的那天都无法支付 500 美元的修理费。因为他是家里的顶梁柱，所以他弟弟就算缺课也把车借给他用。

再后来，作者把这家公司卖掉了，内斯特失业了，再找工作就很难。他和 100 个人同时申请一个岗位，当他得到这份工作的时候，他兴高采烈。后来，他发现新工作很辛苦，有时候一周被要求连续工作 6 天，如果拒绝加班就会被视为"不服从上级的命令"。有时候，直到午夜他才能完成工作。大多数的日子，他每天只有 1 小时的休闲时间，一周用来见家人的时间只有几分钟。经历了长时间的工作之后，内斯特筋疲力尽，他的腰也损伤了。虽然他一直保持乐观的态度，但是他的辛苦努力没有换来好的、受人尊重的工作环境，他也没有带来比父亲的时代更好的生活，不过他平静地接受了现实。

卡普兰问内斯特是否担心讲他的故事会对他造成影响，他说："和我一起工作的人大概永远不会看你的书。"卡普兰在书中写道："对内斯特未来真正的威胁甚至还没有出现在他的视野内。很明显，他那个确认顾客预约的任务可以轻松实现自动化。"

是的，自动化和智能会让内斯特这样的人更惨，因为决策权慢慢转移到了机器的手上。机器冷酷无情，轰隆轰隆的机器正从远方驶过来……

不过，也不用那么沮丧，未来还是有机会的，因为人类会调整。工业革命的时候，很多工人去破坏机器，但是这个大潮涌过来了以后，其实人们的生活比工业革命之前过得好多了。

我们这个社会有一个特别重要的原则，就是如果社会上出现了生活标准的巨大差异，便是一种公众性的耻辱。如果我们这个社会能够容忍"朱门酒肉臭，路有冻死骨"，就是一种社会性的耻辱。

有钱到了贝索斯、巴菲特、比尔·盖茨这种程度的人，非常支持很多为公众利益服务的项目和计划，因为钱对他们来讲，根本不会影响生活。而如果整个社会的人都非常痛苦的话，那也不是一个美好的社会。

我们在变化中怎么办

人工智能时代会带来哪些职业上的变化？

我们很容易想到的是自动化会替代工人，工厂会用人工智能操作设备，用机器人替代工人。只要给机器人充电就可以了，还不用发工资，所以需要人工作的地方会越来越少。

有句话很重要："未来淘汰的不是工作，而是技能。"这也是人工智能重组整个游戏的规则。我的理解是，我们学的知识中，有一些开始变得无用。未来的教育方式也一定会发生巨变，教育可能会变成随需定制。雇主提出自己的需求，有人按照他的需求来教。说不定这正是未来发展的一个教育定制的方向，教育的多元化、精熟式教育、翻转式课堂都是未来的发展方向，因为我们脱离了工业化时代那种大批量、简单划一、分门别类的工业化框架。未来的游戏规则和我们现在所想象的流水线环节的配合、大家相互之间的优势互补是不同的，在未来需要学些什么，现在的我们并不能回答。

人工智能还能替代说服性的工作，很多人认为机器只能干粗重的活儿，人需要交流、说服、沟通，比如服装店的售货员的工作，就不容易被代替，但其实人们买衣服的时候，人工智能依然能够起作用。想象一家服装店，他们可以模拟你穿上不同衣服的照片，生成的图像可以通过模糊面部立即被匿名放到一家特殊网站上。那个网站上的用户可以提出自己的观点，告诉你哪一件衣服让你显瘦。

几秒钟内，你就会从毫无偏见的陌生人那里得到客观而可靠的反馈……这时候，你所获得的评价比售货员在旁边一个劲儿地夸奖要真实得多。

曾经，进入法学院是一种伟大的成就，但现在，法学院收到的入学申请数量一年不如一年。对律师来说，会有很多影响工作机会的因素，但是自动化肯定是其中之一，机器人草拟合同也越来越成熟。创新者发现就算把最有技术含量的工作委派给人工智能，它也能驾轻就熟地完成。

比人类医生更强大的机器人医生如果被证明是最好的选择，患者就一定会选择机器人医生，而不是劳累过度的人类医生。正如很多人喜欢让 ATM 机为自己数钱，而不是人类出纳员。IBM 的超级计算机沃森就很厉害。IBM 和美国最大的管理公司合作，把沃森的技术应用在提高病人看护质量方面。这两家公司宣称："沃森可以博览 100 万本书或 2 亿页的数据量，在 3 秒内分析其中的信息，并给出精确的回应。"

未来会有这么多的变化，我们该怎么办？对此，作者用一种探讨的方式表达了自己的态度。

在美国橄榄球第 59 届超级碗比赛的现场，西雅图海鹰队的新人球员先得到了球。他把球有力地踢了出去，球在空中完美划过，进入对方球门的正中央。观众陷入疯狂。后来，他们再一次尝试射门，又是完美的进球，而且一次又一次。在没有一次传球的情况下，他们连续 30 次射门得分。海鹰队在观众的喝倒彩声中获得了胜利。

事实上，海鹰队使用了有史以来第一个轻量级智能定位鞋。

一场场激烈的公众辩论接踵而至：保守派认为现行规则和条例是不可侵犯的，不需要任何改变，如果球队想创新，他们就不干涉球队的创新精神，这是一个公平竞争的环境，所有球队都可以开发类似的技术；自由派关注的是公平，他们不想阻碍进步，但也不想看到某些球队拥有持久的优势，有些球队越来越落后；激进派认为任何新鲜事物都该阻止，有些极端人士还倡导所有球员在比赛时不穿鞋；革新派认为既然比赛是为了娱乐广大观众，规则应该根据新的科技发展做出改变……

无论是哪一种，都代表了人们对未来的看法。

人工智能不可遏制地朝我们走过来的时候，我们应该用什么样的态度对待它？是禁止、排斥，还是跟它和谐相处？

其实，我们如果用一种宽容的心态对待这个新事物，就会产生很多解决方案。比如，一场比赛可以改变规则，像是把这个鞋子的力量收一收，不要把球射那么远，一脚踢进去就没意思了；提高射进球门的难度，让球门变得更小，场上队员可以更多，甚至场地可以更大；人甚至可以飞起来踢，创造一种新的比赛。

当然，如果真的特别喜欢老一套的游戏规则，你就按老规则踢球即可。

那么，第59届超级碗橄榄球赛和智能定位鞋的问题到底是怎么解决的？经过仔细考虑，美国橄榄球联盟发布了一个有创意的解决方案：它设立了球员装备最佳进步奖，每年颁发100万美元的奖励。这个奖项去掉了很多对参赛者的细节限制，而获奖的发明将会被联盟中的所有球队免费使用。

人工智能也为人类带来了至关重要的安全保障，它会减少人为的决策失误。专家预测，20~25年后，75%的汽车都是自动驾驶汽车，个人公共交通系统出现，交通事故将减少90%。

如果有一天，合成智能进入我的生活，我想看它如何不断地学习我决策的方式，通过跟着我一块儿开会，看我怎么说话、怎么起草文件、怎么讲书……我就可以去海边度假了，由它照顾公司，它知道我的风格。需要调试的话，我可以远程操作。我每一次跟它互动，对它来讲都是一个学习的机会。

经过长时间训练，这个机器会跟我磨合得决策和风格都一样，思维方式也一样，价值观趋近。

最可怕的是我不在了它还在，可以持续地工作、创收。

合成智能还可以帮助每个人工作，那时，赚钱就不再是日常所需了。我们的孩子将来就可以为了美好和兴趣去研究诗歌、哲学、艺术，拍电影，谈恋爱了。

这还会带来一个特别有意思的话题：未来到底是人养着机器，还是机器养人？

万一有人去给机器编程，编出愤怒、嫉妒的情绪，或者机器人也会有自私的情绪出现的话，对人类真的是相当有威胁的。但是，这本书的作者认为，机器不会伤害人类，它会像我们对待濒危物种一样，保持物种的多样性。

我们不太清楚未来会变成什么样，但是有一点可以预见：我们的生活在未来的5~10年，或者10~20年，一定会发生巨变，这个巨变非常重要的源头就是人工智能的应用。

机器思考的能力以指数级的速度在增长，它突破了1%就相当于突破了50%，因此在未来，我们将迎来一个语义的大变化，我们对很多词语的理解将发生彻底改变。唱片出现的时候，有很多音乐家认为那不叫音乐，没有乐池，没有人参与，怎么能叫音乐呢？他们认为只有当面演奏的才叫音乐。当人们发明了CD，发明了电阻储存以后，又有一群人执着地讲，没有黑胶唱片的质感。在当年被斥为不是音乐的东西，慢慢成为那代人热衷的东西。未来什么是音乐？很有可能是网络自主合成的，它可以自己合成任何人的声音和风格，没有版权问题。

人工智能将成为未来改变我们生活最重要的一个诱因，我们得重新认识周遭的世界，赋予它们不同的概念。机器可以思考、可以学习，搞不好机器还会有喜怒哀乐。这就是我们要面对的未知的人工智能时代，希望你们能够喜欢这个时代。

《指数型组织》：指数型组织的11个重要属性

《指数型组织》是对创业者非常重要的一本书。创业的核心，就是要能打造指数型组织，否则根本没法混到"独角兽"的行列。如果进不去，就会被"独角兽"不断挤压，所以必须得知道指数型组织是什么。

有一次年会，我们请来了一位非常著名的教授——耶鲁大学的理查德·福斯特。理查德·福斯特教授说在世界500强企业的名单里：1920年，企业的平均寿命是67岁；2015年，平均寿命只有12岁；而现在500强当中，有一大部分企业的成立时间到现在还不到10年。

世界上一批大公司都是在十几年之内成长起来的，那老牌的大公司都去了哪里？像柯达、摩托罗拉、诺基亚这样的公司，它们逐渐被新兴企业淘汰了。

线性思维与指数型思维

为什么企业会发生这么大的变化？这里的核心是两个思想的决战：一个叫作"线性思维"，另一个叫作"指数型思维"。

线性思维的例子是摩托罗拉。摩托罗拉当年做铱星电话，这个系统能让地球上任何地方的人都通上电话，只要接进一个复杂的卫星天体系统就可以了。金属铱在元素周期表里排名第 77 位，铱星计划代表着他们要向天空发射 77 颗卫星，把地球整个罩住，任何一个点都能够收到信号。可部署还没有完成，摩托罗拉公司就倒闭了。

摩托罗拉倒闭的原因在于摩托罗拉发射 77 颗卫星覆盖整个地球的想法，就是一个典型的线性思维。

起初，摩托罗拉通过计算发现，手机信号塔的成本，每座大约需要 10 万美元，还要加上维护费用等，所以需要花更多钱，不如利用卫星实现一劳永逸。

可是最终，它被一个指数型的现象打败了。在地面上建基站的成本在逐渐降低，而网络的速度也发生了指数级的提升，手持设备更是越来越小、越来越便宜。

科技发展如此迅速，2000 年收购铱星的主要人物丹·科卢西说："铱星的商业计划在该系统开始运营的 12 年前就已定死了。"这个时间跨度太大了，大到你根本不可能预测到在卫星系统终于部署完毕时，数字通信世界会发生什么样的变化。

步其后尘的公司就是 Nokia（诺基亚）。

2007 年，诺基亚斥资（81 亿美元）收购了一家名为 NAVTEQ 的导航和地图公司。

NAVTEQ 是当时道路交通传感器行业的垄断者，它的传感器覆盖了 13 个国家 35 座大型城市里大约 40 万千米的道路。

诺基亚的商业逻辑非常简单，它认为只要控制了这些传感器，就能控制移动及在线本地信息，还能够有资产来对抗谷歌和苹果。

但是，诺基亚没想到的是，它这种在过去几十年里处于主导地位的线性思维已经不能再继续引导日新月异的新时代了。

以色列一家名为 Waze 的小型公司在同一时期成立了，Waze 靠用户手机上的 GPS 传感器来获取交通信息。这比固定的传感器基建设施还要灵活，最重要的是增加每个新设备所需的成本几乎为零。2013 年，谷歌以 11 亿美元收购了 Waze。Waze 在设备、规模和人员上都远小于 NAVTEQ，但是它为谷歌地图业务带来了指数级增长。而诺基亚遵循老旧的线性思维，购买了实体的基础设施，最终永远丧失了行业领军的地位。

诺基亚被卖给微软的时候，才卖了 72 亿美元。诺基亚整个儿的价值还没有达到它收购 NAVTEQ 的价值，多么惨痛的教训。这就是线性思维和指数型思维之间的区别。

21 世纪，人类将越来越需要想象力和创造力来面对所遇到的挑战。这个时代在用一种新的方法来建立新企业，提高成功的概率，应对眼前的挑战，这个方法就是指数型组织。

指数型思维最经典的理论就是摩尔定律，我们已经见证了摩尔定律的效应。摩尔定律，简单地说，就是每 18 个月，计算能力的性价比就会大约翻一番。比如 1971 年，普通的电路板只能搭载 200 个芯片。随着技术的高速发展，如今我们已经能在相同大小的物理空间中实现百万兆的计算能力了。

在数学领域，就是对数曲线和幂次曲线的区别。电视的传播速度就是对数曲线，比如电视上播一则新闻，全国好多人都知道。慢慢地，消息的传播开始变弱，谈及的人开始变少，它就不会再去更多地传播了。它一次性到达了巅峰，然后逐渐下滑。

幂次曲线的特点是一开始用的人很少，比如微信一开始用的人很少，慢慢地，人们看到身边有人用，接着越来越多的人邀请彼此使用。后来，就发现大家都在用。

我经常跟别人开玩笑，说我最近读书就有点儿幂次法则了。当然，这只是开玩笑，大脑还做不到幂次，但我读书的速度的确比原来快了很多，比如《指数型组织》，我坐飞机从北京到深圳一趟就读完了。

原来是我每次读的书都会累积在我的大脑里，便于我理解下一本要读的书。

读的书越多，我理解下一本书会越快，整体的速度也会越来越快，这就是一种微型的指数型组织。

很多人老问我，怎么才能够读书读得更快？多读就能更快，因为你的大脑是可以变成指数型的。

指数型发展开始出现在各行各业，以下是书中的 3 个例子。

移动电话行业的发展符合指数级发展。

霍斯拉的研究表明，2002 年，专家们预计移动电话行业的年增长率平均为 16%；而实际上，到了 2004 年，这一行业实现了 100% 的增长。到了 2004 年，他们根据过往表现所给出的预计增长率变成了 14%；但在 2006 年，实际增长率再次攀上 100% 的高峰。等到 2006 年，分析师们预测说这次销量只能增加 12%——结果事实是又一次翻倍。尽管已经有了 3 次值得警醒的失败，但这帮专家在 2008 年还是给出了少得可怜的 10% 的增长率预测，最后他们依然眼睁睁地看着实际数字再度翻番——又一次 100% 的大跳跃。

基因测序也是如此。

1990 年，人类基因组计划（Human Genome Project）启动了，其目标是完成个人基因组的完整测序工作。当时的预测是，该计划需要耗时 15 年，耗资 60 亿美元左右。然而，在预计时间跨度刚过一半的 1997 年，仅有 1% 的人类基因组完成了测序。每个专家都认为这个计划已经失败了，既然 7 年时间才完成了 1%，那么要想完成整个测序的话，肯定就要花上 700 年了。研究骨干之一的克雷格·文特尔（Craig Venter）接到了来自朋友和同事的电话，他们都劝他中止这个计划，以免让自己更加难堪。"别把饭碗给丢了，"文特尔还记得朋友们当时的劝说，"把资金退回去吧。"

不过，当被问到对此事的看法时，库兹韦尔却对这"迫在眉睫的灾难"持完全不同的观点。"1%，"他说，"这意味着我们已经成功了一半。"库兹韦尔注意到了别人都没发现的一个细节：每年完成的测序量一直都在成倍增长。1%翻倍7次的话，就是100%了。库兹韦尔算得没错，而且实际上，该计划在2001年就提前完成了，经费也绰绰有余。那些所谓的专家这次整整算错了696年。

……2011年，摩尔博士花了10万美元完成了自己的基因组测序。到今天，同样的测序只需花费1000美元左右。预计到2015年，这个数字可以降到100美元，到2020年，甚至只需要一枚硬币而已。

机器人领域同样发生了类似的变革。

前宇航员丹·巴里（Dan Barry）在评价亚马逊上一款售价17美元的玩具无人直升机时说："在30年前，这架玩具飞机使用的陀螺仪，太空飞船的工程师们得花1亿美元才造得出来。"

这些科技产品的成本都在垂直下降。3D打印机的作用很神奇，比如你想要一个杯子，不需要买，可以利用3D打印机打印一个。

3D打印，之前大家都觉得好贵，没有人买得起，现在最便宜的3D打印机售价仅为100美元。

书中还特别关注了中国的情况：

"试想一下，在过去几十年的进步中，中国经济的根基依然是制造业。这就意味着在10年内，中国经济可能会遭到3D打印技术的严重威胁。而这还只不过是对一个产业所造成的影响而已。"

创业能否成功的分界线

对创业来说，如果你始终保持着线性思维，就一定会走上绝路。比如开一家饭馆，一年挣 100 万元，想挣 1000 万元就要开 10 家饭馆。但 10 家饭馆就有 10 份不确定性。万一其中一家饭馆赔得很厉害，你就可能把前面赚的钱全赔掉。这就是线性思维过去的发展思路。

现在的指数型思维的发展思路不是如此。

Airbnb（爱彼迎）需要有那么多间客房吗？如果用线性思维，去一个个建民宿，它根本没有那么多的资本积累。Airbnb 的办法是，只需要成立一个平台，所有想提供民宿的人都可以把信息放上来，同时有人想住民宿，Airbnb 就把两者的信息匹配在一起，就变成了全世界最大的酒店集团。

有一天，我和一个有名的经济学教授一块儿演讲。他总是吓唬大家，说："告诉各位哦，有一件事情你们一定要小心。现在有的商品的库存真的是特别多，所以如果按照现在的速度，我们消耗这些库存，至少需要 30 年才能够消耗得完。所以，我送给大家一句话，'你们各位，今天一定比明天更美好'。"

我旁边的小伙伴特别害怕，说："樊老师，你看将来会不会这样，库存 30 年都消耗不完？"

我想，这可能就是经济学家经常会做出错误预判的原因——用线性思维来预判这个世界。为什么没有想过人的欲望会膨胀？人每年所需要的东西会变得越来越多，人均住房面积的需求会以指数级增长，很多东西就会被消耗得更快？我们一定要谨慎地对待对未来悲观的预测。

指数型思维和线性思维是决定未来创业成功与否非常重要的分界线，一些指数型组织业绩至少提高了 10 倍，比如：

特斯拉（汽车）：每个员工的市场覆盖率提高了 30 倍。
Airbnb（旅馆）：每个员工的订单量增加了 90 倍。
Quirky（快速消费品）：产品开发速度提高了 10 倍。

Valve（游戏）：每个员工的市场覆盖率提高了30倍。

……

指数型组织还有一个特征，就是它的员工人数并不多，但是它可以撬动全球的市场。

樊登读书会的发展呈现了指数型组织的特点，我们的会员数有一年增长了1000%，这就是指数型组织所带来的结果。

如果让我去讲课，我讲一节课是有标价的。如果我需要挣更多的钱，就得去讲更多的课，这就叫线性思维。而当我把它做成视频和音频，放在App上，任何人想看或听就可以直接看或听。如果看或听的人觉得很受益，也可以推荐给朋友。我们的销售是来自对我们满意的客户，每个满意的客户会给我们带来更多满意的客户，这就是指数级增长。

人们都需要让自己的客户来为自己代言，这是打造指数型组织一个非常重要的特征。

对所有指数型组织来说，最重要的一件事就是它们比传统的组织要有10倍以上的改进。

指数型组织的11个重要属性

指数型组织特别重要的11个属性，可以分成三部分：第一部分是最重要的属性，第二部分是五大外部属性，第三部分是五大内部属性。

第一部分是最重要的属性，叫MTP。每个指数型组织都有一个宏大的、充满变革感的目标，M代表宏大，T代表变革，P代表目标。

樊登读书会的目标，是要用读书来改变国人，用读书让中国发生改变，让中国人每人每年能够读50本书，我们的目标是3亿人。这么一个看起来不可能实现的目标，会带来什么好处呢？它会让周围很多与你无关的人都愿意帮你做这件事。

有这么一个宏大的目标以后，我们整个组织就一致对外，去实现这个伟大的目标。当我们遇到一些矛盾、会牵扯到某些人的利益的时候，大家就讨论这件事要不要做，它是不是符合我们的 MTP。这样，内部的矛盾就减少了，大家的力量会一致向外。

最重要的是，樊登读书会是"帮助中国 3 亿人养成阅读习惯"。很少有人会厚颜无耻地站出来说他们是"帮助中国 3.5 亿人养成阅读习惯"，没有人会做这样的较量，这个品类就站在了一个制高点。

TED 的 MTP 是"值得传播的思想"。

谷歌的 MTP 是"管理全世界的信息"。

Quirky 的 MTP 是"让发明触手可及"。

奇点大学的 MTP 是"为 10 亿人带来积极的影响"。

这些想法和愿景，看起来都是遥不可及、无比狂妄的，但就是这些跟人类相关的狂妄的想法才能够带动大批的人，让他们愿意跟着一起做伟大的事业。

如果你创业就是为了养家糊口，或是为了成为百万富翁，那没有人会愿意跟你一起推进这件事情，只能靠你线性的努力。只是一个店接着一个店地做下去，你的组织根本不可能成为一个指数型组织。

你创业时的愿景很重要，你想为这个世界带来一些什么样的变化，把这个东西用 MTP 的方式描述出来。它既要足够宏大，又要有变革的思想，同时是一个伟大的目标。

第二部分是五大外部属性，叫 SCALE。

SCALE，每个字母代表着一个属性。这五大外部属性如下：

第一个字母叫作"随需招聘的员工"。

指数型组织不会拥有海量需要发工资的员工，但是有海量的人在干活儿。比如优步，那些申请了做它的专车司机的人，算不算是它的员工呢？随需招聘就是你想做就来做，你不想做就可以走。

我们有一个合作机构，很多人都用它看电子书。我去参观他们总部的时候，觉得特别有意思，他们要处理那么多电子书，从纸质书变成电子书，工作量很大。

如果让内部员工来做的话，要耗费大量的钱和时间。他们的办法是，远程雇用大批大学生来做这个工作。他们建立了一个能够筛选工作结果的平台，大学生只要想勤工俭学，就来申请。他们发一个样张，你觉得可以做就把它做完。做完以后，由师傅审核，审核过了，你就会得到报酬。

这些大学生就成了这个机构的员工，这就叫作"随需招聘的员工"。

这种模式将被越来越广泛地运用，有很多兼职的人，将会给社会带来大量的收益。微商就是这样，很多微商都是指数型组织。微商的愿景和它的产品本身才是决胜的根本，而且微商的发展方向是没有问题的，因为它用了大量随需招聘的员工，有海量的人在为它干活儿，但是不拿工资。

第二个字母叫作"社群和大众"。

社群和大众将来会显示出特别大的力量，这个过程首先从MTP出发。你有了MTP之后，可以使用MTP吸引到一大批人，他们愿意跟你一块儿干这件事。然后你可以逐渐培育这里边的人，最后打造一个社群和大众能够活跃的平台。

第三个字母叫作"算法"。

优步、Airbnb最核心的东西是它们的算法：收集数据→组织数据→应用数据→释放数据。

在优步工作的一个司机究竟要开多长时间的车，或者在什么时间赚钱，他需要去讨好他的上级，或者需要去跟他那个所谓的"派单员"搞好关系吗？不用，因为派单员根本不存在，整个系统是由算法在运作的。如果你希望多赚钱，就要按照游戏规则来做事，也就是算法。

现在樊登读书会，我觉得最欠缺的就是这一块。

从理论上讲，如果能够带动身边的6个人一块儿来读书，你明年就不用再花钱听了，这个积分还可以在我们的商城里换书。这是一个非常简单的算法，有没有可能把它变得更好玩？有没有可能让这个算法变得更加灵活？并且，知道每个人的需求，在你看完这本书之后自动推送？看过这本书的人还喜欢哪些书？甚至你看过这本书，会匹配很多书友。这些书友也喜欢这本书，然后大家可以组成一个社群，在社群里聊天……这些都是未来在算法方面需要不断开拓的点。

如果这些点能够做出来，樊登读书会本身，除了我在创造核心的内容，社群和大众就会基于这个算法产生海量有趣的互动和交流。

大家在这里会有很多朋友，产生更多有意思的交流和新知，而且能够赚取积分，甚至创造效益。

第四个字母叫作"使用杠杆资产"。

优步并没有自己的车，但是它可以让全世界那么多辆车为它赚钱；Airbnb并没有自己的房间，但它可以让家家户户把房间贡献出来。这就叫作"杠杆资产"：任何一个指数型组织所运营的最重要的东西都不是资产，而是数据。

所有指数型组织都是这样的，亚马逊卖的不是货，而是数据。亚马逊赚钱的部分，不在于生产这些货品的过程，而在于匹配这些信息。这边的价格低，那边的价格高，亚马逊负责把它们匹配起来。

连亚马逊做的都是信息服务，更别说像优步和Airbnb这样的公司了。当你能够撬动这些杠杆资产的时候，你的企业就距离一家指数型组织更近了。

有一天，一个人来找我，说想开一家樊登读书会酒店。我说："你对我这么热爱？"他说不只是热爱，而是酒店业也需要注入新的文化元素，让人入住后能够听几本书，这个人可能就会对这个酒店更加忠诚。他把这个想法跟投资人一讲，投资人很认可，他就来跟我谈。

对我来说，不需要建任何房子，我甚至不需要租或者买房子，我就能够拥有樊登读书会的酒店，因为我用我的品牌就可以撬动这样一个杠杆。

第五个字母叫作"参与"。

所有的外部属性当中，一定要在界面上鼓励大家参与进来。

读书会有一次做年会的时候，很多人做了一个很好玩的游戏，叫作"一站到底"。在游戏中，大家回答会员们出的题，都是我们分享过的知识点。大家去贡献自己的力量，展示自己学习的效果，兴奋劲儿真的是溢于言表。所以，我们也会慢慢地开发一个新功能，让大家可以在我们App里提交：你希望我讲什么书。这样的话，我们会拥有海量的数据。

当然，我们也许做不到有求必应，况且我个人也有选择。这是鼓励大家用一系列的算法，算出哪本书可能是最好的，哪本书具有专家的加权指数，具有足够多的推荐，选择出来大家推荐的书。

第三部分是五大内部属性，叫 IDEAS，每一个字母同样代表一个属性。

内部属性的第一个字母代表的属性叫作"用户界面"。

用户界面是指数型组织最终跟大家见面的地方，这个界面的设计一定要足够友好。友好到什么程度？一打开就会用，根本不需要问任何人，用户照着它毫无差错地操作就行。

用户界面是特别重要的，苹果的 App Store 也许是目前最生动的用户界面案例了，有超过 120 万个应用程序，总计下载次数已达 750 亿次。在苹果这一生态系统中，900 万左右开发者的总收入超过 150 亿美元。

在我看来，微信是一个伟大的产品，微信的界面特别友好。我妈妈、岳母、岳父都能够非常快地沉迷在微信中，根本不需要孩子们教。

又如，在这个社会，如果你说，我不会网上购物，那唯一能够证明的就是，你根本不具备任何好奇心，没有探索精神。只要你稍微想了解这个东西，它们就友好到让你非常轻松就能够学会。

内部属性的第二个字母代表的属性叫作"仪表盘"。

过去的企业"驾驶"的过程中靠大量的会议、咨询公司来监测，现在变成了所有的数据都会实时地呈现在你的"驾驶舱"中。

很多年前，我跟一个朋友想创业，项目就叫企业驾驶舱。它会收集大量的终端销售数据，然后把终端销售数据全部放在一个电脑里，老板每天打开电脑就能看到。企业销售的任何一个产品在哪个地方被卖掉都能够在他的电脑上显示出来。

可惜，当时时机没有现在这么成熟，项目搁浅了，但是在今天来看这个东西一点儿都不稀奇了。例如，读书会的同事每天给我发一个报告、几个关键数字，能让我马上知道读书会发展得健康不健康，成长的趋势是什么样子的。

这时候有一个概念，叫 OKR，是目标与关键成果法。你要想知道你的公司发展得健康不健康，有几个词很重要，一般来说最好在 5 个左右。

对樊登读书会来说，是入会率、体验会员的转化率、续费率、客户的收听时间、打开率。这几项的数字如果是健康的，就证明这个产品目前是科学的。如果想让这个产品变得更好，我就要想办法调整这几个数字。

如果我们能够设计出一个功能，让体验会员的数量一下子暴增 10 倍，那这个入口就一下子变大了，这就是仪表盘。

如果你的公司没有建立这样的仪表盘，就赶紧想想看有哪些数据能够即时地反映在你的手机上，让你随时可以看到公司的生长状况。

内部属性的第三个字母代表的属性叫作"实验"。

所有指数型组织都会做大量实验。

比如我们开樊登书店，就想先在某个城市试试看。一试，成功了，我们就把书店的模式在全国推广，现在已经开了 100 多家书店。以后还会越来越多，会有更多的人申请做樊登书店。

樊登书店不是靠卖书赚钱的，我们卖的是会员卡。当你能够通过卖会员卡来赚钱的时候，书店盈利能力就比过去强很多，而且根本不需要太大的面积，每天有一两个人进来就够了，并不需要人蜂拥而至。

一定不要像过去那样先准备好几千万元，然后来"烧"光它。这么做，你根本没有回头路。任何事业都是从一开始，比如几十万元或者几百万元做起来的。如果真的做起来的话，再去拿几千万元、上亿元来投入、做大。

微信这个产品好，因为没有透支 QQ 的流量。如果把 QQ 的流量大量地导入进来，把微信催火了，那么它怎么火的你都不知道。如果流量不来了，这个产品就死了。

有很多创业者没想明白这件事，他们总觉得拿了钱就赶紧去买流量。把数据做得漂亮，那是骗投资人的钱。当流量的大潮退去以后，你会发现你的模式根本就没有成功，那没有任何好处。而对你自己来讲，其实就是做了一场梦。

内部属性的第四个字母代表的属性叫作"自治"。

员工的 OKR 是自下而上的。过去，我们讲 KPI 指标是自上而下的，就是领导一拍脑袋开个会，讨论出来一个 KPI 指标，哗地发下去，基层的人不胜其烦，还有人为了 KPI 指标纠结、争斗。但是，OKR 来自下边，干得好不好，立刻就有反馈，然后下边的人会想尽办法改善那些 OKR。

我的体会特别深刻。读书会的员工都比我更有活力，他们有很多想法，总在琢磨做一个什么样的活动来改善它。

我们的管理完全是自下而上的，反馈是即时的，远景是伟大的，很多员工都在用玩游戏的心态做这件事情。

大量的指数型组织里没有过多的层级，管理层就只有老板和各个项目的负责人。不像我们过去那样，划分一个壁垒，好多个层级。

所以，大量的大型组织为什么寿命连 12 年都不到？就是因为体系庞杂，信息的流通受到了阻碍，基层士气低落，每个人都被 KPI 绑架了。这样组织里的员工怎么能够和那些每天工作得非常兴奋的孩子竞争呢？

内部属性的第五个字母代表的属性叫作"社交技术"。

指数型组织会有更快的对话、更短的决策周期、更快的学习能力，还有更稳定的团队。

社交技术是指数型组织的核心能力之一。我们要善于跟客户、代理商沟通，还要善于跟我们的分会沟通。这种社交技术不光是处在硬技术的算法层面，更多的是在人际的沟通能力方面。

如果我们每个人都善于维护社交的氛围，并且能够有精湛的技术去实现这种快速的交流，使知识的传递、经验的传递变得更快，那么这个组织的活性就会更大。

当樊登读书会在全世界有 200 多个分会时，就构成了一个核心圈层。我们有一个群，在这个群里，老分会带动一些新分会。老分会在这里分享他们的经验、案例，新来的人一学就会了，读书会就会朝着好的方向不断发展。

以上就是一个指数型组织所需要具备的 11 个非常重要的属性。

关于指数型组织形成的几个驱动的因素，比如技术驱动、信息让一切变得越来越快、边际成本越来越低等，我个人非常看重的是边际成本低。所有指数型公司所经营的几乎都是零边际成本的产品，就是要想尽一切办法使边际成本降到零。比如做饭，做饭虽然是一个需要成本的生意，但把它做成百度外卖、美团，就变成了一个边际成本为零的生意。至于送餐员，可以看作外部杠杆资产。

当你能够运营一个边际成本为零的产品时，就能够让你的产品和服务以指数级的速度增长。因为它的复制不需要成本，所以你所要运营的就是核心的这一块业务。开始时，人数不要太多，你的产品要足够过硬。这时候，你会发现有大量的人愿意帮你一起来做这件事。你的外部人员会变得越来越多，所以海量的员工会成为一个自然的趋势。

打造指数型组织

打造指数型组织的步骤是：选择一个 MTP→加入或者创建与 MTP 相关的社群→建立一支团队→找到突破性创意→建立商业模式蓝图→寻找商业模式→建立 MVP（最小可靠产品）→验证市场和销售（获得上述 10 个属性——5 个外部属性和 5 个内部属性）→实现 SCALE 和 IDEAS→塑造文化→定期回顾关键问题，最后建立和维护平台。

书中有 12 个步骤。我总结了一下，实际是三大步。

第一步是 MTP，就是你首先得有一个伟大的目标和愿景。

第二步是精益创业，就是有了 MTP 以后，要想尽一切办法，用最小的成本在最可控的范围之内，先把它试出来。

樊登读书会的第一批会员，是一天晚上我发了一条朋友圈，产生了 500 多个会员。这就是我们精益创业的开始。

第三步是实现 SCALE 和 IDEAS，就是按照那 10 个属性——5 个内部属性和 5 个外部属性，慢慢地去打造界面和用户的互动、算法、"驾驶舱"等。

这是打造一个指数型组织基本的过程。

中小型公司怎样转型成为一个指数型组织？

所谓"船小好掉头"，中小型企业首先要解决的是公司的文化问题。如果老板的脑海中没有伟大这件事，那么他就根本没有让更多人参与的想法。

想从公司的文化层面彻底改变，就一定要塑造一个得到董事会支持的梦想家领袖。很多公司都有一个核心人物，因为广大的社群都喜欢"拟人化"。就是如果有一个人在那儿的话，社群就更容易产生粉丝的感觉，更容易帮着这个核心人物一块儿实现MTP。

企业应该走向人格化，连华为这样低调的公司都变成了以任正非为其代言人。董明珠为什么那么大力地到处做演讲？因为她已经意识到了人们会因为喜欢一个人而喜欢和支持一个企业。人格化的梦想家领袖将变得越来越重要。

一提到樊登读书会，大家会想到一个人的形象，罗辑思维、吴晓波频道也是如此。所以，创业的人要勇敢地走出来，让自己成为那个梦想家领袖。这是中小型企业一个改造的过程。

比较难的是大型企业，因为在大型企业里，一个新的想法提出来后，会被原来的、老的习惯所绞杀。我跟一个大企业的领导聊这件事的时候，他恍然大悟地说："我们之前很多实验都失败了，就是你说的绞杀，就是被固有的习惯给绞杀了。"

比如，一家培训公司突然要推出一个互联网的培训项目，一位负责人只要把这个提议往台面上一摆，就会有无数的副总裁和渠道经理过来说"不行"。他们会说："这个项目要出来的话，我们那些项目都会受影响，我们现在的销售利益就受损了。"这就是创新者的窘境。

所有的新东西都不会诞生在大机构里。那么，大型企业怎么办？

第一步是学会改变自己的领导层，就是让领导层转变思路。如果不转变思路，就换人——换那种有新思路的人来做这件事情。

第二步是"结盟"。投资者或收购者可以将大量资金投给那些有可能成为"独角兽"的企业。比如，很多年轻人更加具备想象力，大企业的优势是"我有钱，你有想法，我投资给你"，大企业就可以给这些年轻人投资。

第三步是颠覆。就是要学会在组织的边缘开发有创新性的东西。千万不要把具有颠覆性的想法直接放在公司的主流业务中讨论,那样它分分钟就会被干掉。

第四步是学会打造精简版的指数型组织。对于这些大机构来讲,其实它们完全可以把指数型组织和它们的主体业务分开,就是把它们的指数型组织和原来的主体业务分开经营,不要搅在一起。等这个指数型组织成长得特别快的时候,它自然而然就会成为公司下一个发展的主体。

当年,柯达就因为没这样做而被淘汰。柯达的人发明了数码相机,但是他们坚决不让数码相机在柯达生根发芽,因为数码相机一旦做起来,会影响胶卷的业务。结果,那个专利被别人用了,数码相机还是颠覆了柯达,这就是悲剧。

最后,我们可以畅想一下,除了这些企业,政府、医院、教育、军事都有可能成为指数型组织。

我曾听说过一个著名的教育家对未来的畅想,他说未来的学校会变成教育采购商。所有的教育产品全部由整个社会提供,学校只是一个平台,学校想采购哪个就采购哪个。学校也可以变成一个指数型组织,整个教育体系都大量使用外部资源,然后学校运营数据和信息,或者提供场地给孩子们玩就够了。

未来指数型组织的影响,绝不仅仅限制在创业的范畴,而是会影响整个社会。我们可以好好分析一下自己的大脑,到底是指数型思维多,还是线性思维多,包括我们对孩子的教育。

孩子的智力发展速度本可以实现指数级增长,他们完全可以在14岁时成为某个方面的科学家。我们不要被线性思维限制住。

指数型思维会影响我们生活的方方面面,我甚至把《指数型组织》的思想融入我的血液中。判断一件事物的时候,我会有意识地用指数型的想法检验,而不是简单的线性计算。

这本书是颠覆我们头脑中固有线性思维的良药。过去,人们认为要干多少事就要花多少钱,所有的成长都是慢慢来的。现在,你会发现,我们身边的大企业成长的速度，不到10年，有的甚至只要6年就能够进入世界500强。这证明现代社会指数型创业已经爆发了，我们得跟上节奏。

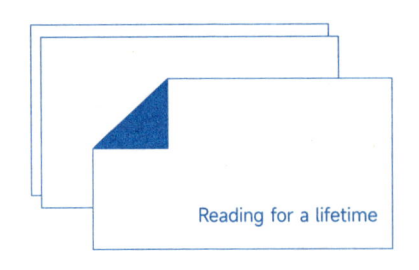

《共享经济》：从共享看未来商业模式

《共享经济》的作者叫罗宾·蔡斯。她在1999年9月创建了汽车共享公司Zipcar。人们不需要拥有自己的汽车，可以通过Zipcar租车。Zipcar的目标是让租车简单可行，就像人们从ATM机上取钱一样简单。

它尽量降低客户所需的金钱和时间成本，即使客户去超市只需要用车1小时，也可以使用Zipcar。这是用一种分割的方式，把汽车的使用权变成了一小部分一小部分，很多人非常喜欢。

这本书是罗宾·蔡斯对共享经济做的一次深入研究，她收集了全球不同领域专家、学者的意见，并倾听了他们的经历。

我看完这本书之后，脑海中冒出了各行各业可以借鉴的一些想法，我相信这本书对每个人的生活和其所在行业都会有所影响。

Zipcar带来了新世界的气息

Zipcar的诞生很有意思。

有一天，蔡斯和好友丹尼尔森在咖啡馆等着接孩子。他们闲聊的时候，讨论到柏林有一个地方停着一辆可以供他人分享的车,这辆车可供人们以小时或天为单位租赁。

蔡斯感到自己非常需要按小时租车,而且开完了之后,不必担心停放、清洗和保养。据说在美国,买一辆车,车主开它的时间并不多。书中写到Zipcar得以蒸蒸日上是利用了当今过剩的汽车消费——事实上,私家车有95%的时间是闲置的。

想想看,的确存在很多闲置。比如,汽车停着,我们依然要花时间和金钱照顾它。甚至,我们把车开出去的时候,车上空着的三个座位也是巨大的浪费。

蔡斯和她的朋友一拍即合,决定在马萨诸塞州的坎布里奇市推行这种服务。她做Zipcar的时候,提出了3个假设。

第一个假设是,出于经济方面的考虑,与拥有一辆车相比,人们更愿意"分享"一辆车。

第二个假设是,一个可以将互联网和无线技术连接起来的科技平台,让分享变得更容易。

第三个假设是,顾客是可以信任的。公司相信用户可以在不受监督的情况下取车、还车、用公司的信用卡给汽车加满油,并在使用完毕后带走车上的垃圾。

你是可以相信这些顾客的,他们也能够参与到管理中来。

当时,这个想法是非常前卫的。比如,有投资人认为,在欧洲只有瑞士人善待汽车,美国人永远不会善待汽车。

她为Zipcar做了两个月准备后,拿到了第一笔天使投资资金5万美元,基本用于创建网站方面的技术制作。4个月后,Zipcar的账户里仅有68美元,拥有4辆车,其中一辆是蔡斯用房子做抵押,每月分期付款买下的。

当她的财务状况紧张的时候,她去参加一个聚会,遇到了一位天使投资人。他们之间进行了简短却意义非凡的对话:

"蔡斯,Zipcar最近进展如何?我能为你做些什么吗?"

"我需要在明早筹集到2.5万美元。"

"没问题。"

第二天早上 9 点，对方就把 2.5 万美元打到了她的账户上。

Zipcar 正式上线。

Zipcar 网站上线不到一分钟，电话铃就响了起来——第一个订单进来了。

Zipcar 完成租赁的业务，需要这样的技术：首先，在当时还没有智能手机，用户要通过网站加入 Zipcar；其次，Zipcar 有后台业务；最后一个很关键，车内要有硬件的支持。

一个人办一张会员卡，走向车库里已经预订好的车，一扫卡，打开车门，系上安全带，用已插在车上的钥匙将车启动，然后转动方向盘，将车开走。车使用完毕后，其他人想租的话，可以再次使用。这样就根据用户的使用情况，做到了按小时租车。

过去的租车公司为什么不愿意按小时租？因为他们需要很多人，用户根本没法参与，预订车这个系统要有话务员，话务员需要一个个向顾客解释车在哪里、价格如何。这要有人去了解车的所有情况……这么高的交易成本，使按小时租车对公司来说根本不赚钱，而蔡斯用了远程系统和智能硬件后，交易成本几乎是零。

Zipcar 很快就成功了。2013 年，Zipcar 被汽车租赁服务公司安飞士以约 5 亿美元的价格收购，Zipcar 当时在美国、加拿大和英国共有 76 万名会员和 1 万辆汽车。

蔡斯从这件事情上总结出了人人共享的 3 个理论要点，这 3 个理论要点是这本书的核心。

第一个理论要点是人人共享来自过剩的产能。

这个世界上有特别多的过剩产能，我们需要把这些过剩的产能消耗掉，产生效益。我们可以想象一下自己家里的车放在车库里不动，是不是就是过剩产能？那么，能不能让不动的车动起来赚点儿钱呢？如果你的车已经动起来了，行驶在路上，那么车上的 3 个空座位是不是也是过剩产能？能不能让这 3 个空座位"动起来"？如果你的车上坐满人了，那么车的外壳是不是过剩的产能？车的外壳也可以承接一些需要做宣传的物料。

我们需要把过剩产能利用起来。刚刚讲的只有汽车，其实椅子、钟表、电视、房子，甚至办公室里的空间，都是过剩产能，放在这个世界上，我们占有，有时却不使用。如果用来共享的话，就能够创造出特别多的经济效益。

甚至，我有时候开玩笑说，家里保姆或者阿姨，抑或是婆婆和岳母，是否存在过剩产能？她们帮我们做三餐，剩下的时间闲着，那么，闲着的时间，她们可以在某个App上注册，然后把自己做的菜拍个照片放上去。然后写一段简介，比如"我是山东人，特别喜欢做山东煎饼，这是我们的家常口味，欢迎大家品尝"。如果我们总去饭馆里吃饭，过不了多久就会觉得吃腻了，很想念家里的味道，就可以上这个App上点餐。

一个人听我这样说的时候，表示怀疑，说："樊老师，这不太可能吧？"我问他为什么，他说："老人家哪会用智能手机进行这么多操作？"

其实，那是因为还没有让老人用手机赚钱。如果老人可以用手机赚钱，他们学得一点儿都不比年轻人慢。只要一个人的内心有动力，没什么能挡得住他。这样，一个家庭里闲置的锅、灶、米、面、粮油全都用上了，并创造出了新的价值。

第二个理论要点是科技能够使分享变得更容易。

过去没有移动互联网，没有这么发达的数据，现在分享变得更加方便和容易。

第三个理论要点是个人是具有影响力的合作者。

过去，人们都不愿意跟个人打交道，觉得跟个人合作是没有安全感的。现在，越来越多的个人越来越具有诚信。比如，一个人在某个网上注册成为司机以后，你会发现他比某些开了很长时间车、有职业倦怠感的出租车司机服务起来更认真、更客气、更彬彬有礼。当然，你还可以给他评价，让你的评价帮助这个人成为更加可信的合作者。

以上3条，我把它们简化一下，就叫作"过剩产能""平台""个人"。

有这3个因素，共享经济就能够出现。

人人共享的三大核心

第一，我们分析过剩产能。

书中有这样的数字分析，与其拥有一辆车100%的使用权而只使用1%，不如让成本和使用率更匹配。书中写道，与其让1000个居民拥有400辆车，不如使用Zipcar，让1000名经常开车的司机只使用30辆车也能感到满意。

在这个世界上存在着大量过剩产能，包括人均住房面积。

Airbnb就是一家资源整合公司，它的业务基于一个家庭中空余的房间和空余的床。比如，四室一厅的家里只有老两口，孩子们都去上学了，空置的3个房间就可以用来出租。

产能的过剩是一个共识，这个世界真的生产了特别多人们已经不再需要的东西，但是因为人们过去的习惯是需要不断地占有，总想拥有自己想要的东西。

有人说，咱们中国人的习惯就是得有自己的房子，有房才能有安全感。其实，那是因为我们的租房系统还没有完善，我们有的时候会产生强烈的不安全感和不确定感。某一次搬家觉得自己很狼狈，被寒风吹着，找不到新的住处。这时候，任何人都渴望有一套自己的房子。

但如果我们有一个人人共享的租房系统，租户不需要跟任何房东打交道，而是和一个有规矩的机构打交道，那就简单多了。租房子只需要自己把衣服打包去住就可以了，真正实现拎包入住。房子里的一切东西都能正常使用，坏了能有人修理，那租房也会很愉快。

在美国，很多人一辈子都是租房子住，任何人的观念都是可以改变的。

我在想，60后、70后的人总喜欢拥有东西，是因为小时候曾被匮乏感纠缠过，于是特别希望有机会把想要的东西变成自己名下的财产。这种意识很明确，但他们的孩子并不一定如此。他们的孩子从小生活在一个富足的环境中，觉得任何东西都不必非得在名义上属于自己，而是只要能享受这个东西就可以了。这是未来会有的一种"我拥有"到"我享受"的关键心态的转变。

第二，就是共享平台的意义。

总得有人打造出这样一个平台，共享才能够发生。蔡斯举了中国的例子：在线平台阿里巴巴整合了成千上万的小微企业，在 2014 年 9 月上市。这是有史以来规模最大的首次公开募股，融资金额高达 250 亿美元。

她说阿里巴巴成功地做到了一个大公司所能做到的"最好"，即帮助小商家做到最好。

当然，一个平台可以改变太多人的命运，有的人变得更好了，也有很多人被打败了。我们熟悉的某个打车软件公司就是越来越好的典型，靠谱的平台需要对参与者进行管理、约束、教育、培训，给予每个参与的个体一个信任和品牌的背书。

在书中，构造平台有 3 种方法。

第一种方法叫作"分割"。就是把过去整块儿的东西变成分开的东西，比如一辆车买回去就是永久占有，但真的没必要永久占有。如果你到租车公司，一次可以租一天、两天或者一周。Zipcar 的办法是把汽车的使用权分割得更细，你想租多长时间随便你。

第二种方法叫作"整合"。Airbnb 就是每个人家里都有些小房间，把这些小房间整合起来，变成 Airbnb 这样一个品牌，成为产生巨大影响力的旅馆。

第三种方法叫作"开放"。进行完前面的两步后，平台就要用开放的态度面对所有人了。

一个平台只有具备足够的开放性，才能够吸引更多的个人参与。平台的特征是越不严密，就越会有更多的创新涌现，这是一个成反比的关系。如果一个平台的规矩特别多，规则特别严密，不会出现漏洞，那么这个平台所出现的创新就会相应地减少。

有的平台上会出现一些违法乱纪的坏人，开始的时候需要有足够的开放度，不去管他们。慢慢地，你会发现，坏人在平台上反倒没有生存的空间，因为他们很快就会被曝光。

大家的信息是不断地透明化的，平台的意义就是通过联合他人释放出隐藏的过剩产能，包括资产的价值、时间的价值、专业知识的价值，以及创造力的价值等。把每个人身上所蕴藏的价值想办法在平台上释放出来，这就是平台的作用。

第三，个人的选择。

在生活中，我能感受到很多人用平台来改变自己的命运。我有一次坐车，和司机聊天。当年，他破产了，已经绝望了。后来，他就开着仅有的一辆车接单载客，发现一个月竟然能挣不少钱。

还有的人是不想继续工作了，比如说一个母亲，公司的考勤制度让她根本没法照顾孩子：她早上只要送孩子上学，上班就会迟到；只要按时下班，就没法接孩子。她特别痛苦，后来决定辞掉工作，在某个平台上开了一个店。这样，她的时间瞬间变得自由了。

当平台给予我们很多用这些现有的资产挣钱的机会的时候，个体的能量就被不断地激发出来，甚至有人就靠在平台上做生意，走上了财富自由之路。

未来的世界，人人的能量都会得到迸发，每个人都是自雇者。即使大家在一家公司里工作，我们依然可以让每个人成为一个自雇者。你不仅仅是为公司打工，也是为自己的未来打工。人人的能量得到放大和激发，这是一个趋势。

共享经济创造奇迹

实现了共享经济之后，会创造 3 个奇迹，书中为我们提供了案例。

第一个奇迹是，过剩产能让我们得以产生新的能量。

比如，希尔顿酒店从事酒店业务已过百年，在 88 个国家有 61 万个房间和 3800 家酒店。要想与其竞争，难度可想而知。你必须买下合适的土地，找到建筑师对计划进行审核。接下来，雇用承包商并对其监管，建造酒店，装饰房间，招聘并培训员工，进行市场推广，还要满心期盼所选的地址是正确的。其间，要祈求没有灾难来临，比如火灾、洪水或是旱灾……Airbnb 只用了 4 年的时间就做到了。

这就是释放了巨大产能所达到的效果。还有很多采用共享模式的用车公司，它们比任何一家出租车公司做得都大。

其中，可以看到资本主义的发展路径。在作者看来，她小时候幻想的理想资本主义与自己如今所理解的相差甚远。书中写道："美国资本主义已从创造中产阶级的工业化道路转变为最丑陋却也保留最精华部分的形式，前期取得的进步被扭转。"

出于某些原因，富人变得更富，穷人变得更穷，生产力提高的成果没有被平衡地分配。

未来不会如此，当共享经济发展得越来越蓬勃的时候，资本在这个世界上的话语权会变得越来越小。反过来，社群的力量、知识的力量和个人的力量将会不断地增强。

第二个奇迹是，在这个过程中，人们能够实现指数级的学习能力的提高。

比如有一个非常有意思的应用，叫 DuoLingo（多邻国），它是一个学习语言的网站。这个网站能够让你学习一门外语的时间，从过去线下教育 130 个学时缩短到 34 个学时。

为什么利用 DuoLingo 学习一门外语能够变得这么快？原因是一个老师教课的方法、教得好不好，其实取决于迭代，就是这一届学生教完了，老师对下一届学生会有一些调整，再下一届再做一些调整。当然，这是一位好的老师的做法，还有的老师一辈子都不调整，他就用他认为对的方法教学。

在这个平台上，可以进行 100 个试验，每个试验有 15 万人参与，平台在 48 小时内就明确地知道教一门语言的方法中哪一种效果更好。

有了人人共享，我们不再局限于个人的迭代、数十人的迭代、数百人的迭代。在人人共享的模式下，上百万人在同一个平台上迭代，无限压缩了从经验教训中学习的时间，创造了出人意料的变化。这种变化能给这个平台带来快速成功的迭代。

第三个奇迹是，人们可以即时地获得正确的信息。

书中提到了埃博拉病毒引发的疫情。若是居住在几内亚、利比亚、塞拉利昂的所有人都能建立起联系，疫情可能会不同，疫情暴发前期的几个病例将很快被相关国家卫生体系收治。这些人的经历都是未来的预警感应器和警报器。

如果在正确的时间听取了正确的人的建议，将有利于帮助人们在复杂的事件中找到最科学的决策依据。

共享经济带来的3个奇迹中，过剩产能这一块是毋庸置疑的，比如有一家公司叫BlaBlaCar，它是一个解决远程交通问题的快速拼车平台。如果我要从上海开车去一趟杭州，就可以到平台上找是否有朋友愿意跟我一块儿去。

BlaBlaCar没有任何基础建设——没有修机场、没有买飞机，也没有建高铁，就是把这些整合的闲散资源用一个平台的方式，解决人们的长途交通问题。

2014年年底，BlaBlaCar已经有超过1000万活跃用户，有超过200万人每个月乘坐陌生人的车周游欧洲。这一人数超过了乘坐穿梭在巴黎和伦敦之间的高铁"欧洲之星"的人数，而"欧洲之星"海底隧道的修建成本高达210亿美元。

这就是共享经济带来的奇迹，我们也需要这些奇迹。

蔡斯在一份世界银行的相关报告中看到这样的信息：如果每个国家都能尽全力履行其关于二氧化碳减排的承诺，那么到2100年，全球将平均升温4℃。

上升4℃听起来觉得不是什么大事，我们会觉得无非是夏天变成了40多摄氏度，我们吹着空调也能忍受。

事实上却很可怕，上一次地球比现在的平均气温低4℃是距今2万年的冰河期。

如果2100年地球的平均温度上升4℃，地球上的物种会减少1/3到1/2，我们的孩子将活不下去。还有一个让人感觉更加紧迫的数字，就是假如世界上的很多国家仍坚守自己的商业模式不做任何调整，那么到2060年，地球的平均温度将上升6℃。

蔡斯看到这个报告的时候，感觉不可思议。她立刻打电话询问很专业的朋友，对方很快就清楚地回复这是真的。

所以，如果没有奇迹发生，人们也没有用共享经济的方式消耗大量过剩产能的话，未来等着我们的就是这样一个毁灭的结果。

我们每个人参与共享经济都是有意义的，如果你能够少开车，或者把车租出去，让一些人不需要买车就能用便宜的价格租到车，有车用，就是在为这个社会降低碳排放做贡献。地球需要每个人参与创造这样的奇迹。

从零开始，人人参与

如何创建一个人人共享的商业模式？蔡斯给出了她的建议。

第一步，控制内核。先要让一部分人来玩这个东西。此时，无规则就是最重要的规则，就是要集思广益，并可以尽情地使用这个平台。等这个平台真的能帮到周围的人时，它就起作用了。

第二步，"欢迎参与"。激发外在的个体参与，免费注册，人群才能大量涌入。

第三步，需要面对的问题，是权力失衡的问题。有很多个体参与，同时也有很多强有力的机构参与。我们把这叫作"快者与强者的竞争"，个体是快者，机构是强者。

比如，Airbnb 遇到了这样的情况：专业机构利用平台在市场上出租他们的房子，总收入最高的房主拥有 272 套公寓。

Airbnb 检查了纽约的名单，确认其中 2000 位房主其实是机构而非个人，然后将它们从名单中移除了。

这时候，个体与机构的权力失衡了，是应该支持个体还是机构？Airbnb 的选择是支持个体。它制定了很多政策，减少这种机构的出现，让个体价值得到了更大的发挥。当然，也有人会说，还是机构赚钱快。

在蔡斯看来，一个人人共享结构的最佳属性之一就是鼓励试验，进而鼓励试错和进化。一旦一个平台摩拳擦掌地为几个大客户提供服务,自己的出路就立即被堵死了。

第四步,实现权力的平衡,让各方势力均衡。

要允许平台上的群体建立他们自己的机构,比如某个平台的使用者可以和与自己持相同观点的用户建立一个群组,广泛地分享他们对平台的不满和期望。这样,当平台聆听这些参与者的声音,并不断为他们优化时,就是一个权力平衡了的机构。所有人就会逐渐进入一种稳定的态势,而不是让他们无处发泄,最后只能把不满转化为愤怒,从而导致大量用户流失。

在这个过程中,政府可以起到最大的表率作用。

人人共享的一个案例是GPS。GPS本来是用于军事的,可美国政府宣布让GPS变成了公共物品。不过,美国国防部从未想到GPS可以被应用到如此多的领域:可以对犀牛、鲸鱼、宠物、濒临灭绝的枫树、小孩、极限滑雪者、登山者、自行车、汽车、卡车和货运集装箱进行地理定位,甚至是一把乱放的钥匙都可以利用GPS找到。

特斯拉汽车公司也用一种开放的态度面对竞争者,创始人埃隆·马斯克对专利有着不同的看法:科技领先并非以专利来定义的,这一点已被历史多次证明;若想击败一个强大的竞争对手,专利保护的效果微不足道,能真正起作用的是一个公司吸引并激励世界上最具天赋的工程师的能力。在发表该声明后,特斯拉汽车公司的股票价格在接下来的一周内上涨了12%。

3D打印产业还处于萌芽阶段,但可以明确的一点是,人人共享必将成为该产业组织结构的范本。

未来,开放会成为一个趋势。樊登读书会的视频也可以是开放的,让可以鼓励他人的每个会员去建一个群,把我们的视频分享在他们的群组里。

蔡斯希望在这个过程中,政府不要过度监管,因为有时候创新的速度会超过监管的速度。比如,2014年6月的一天,伦敦特拉法尔加广场发生了出租车司机的抗议行为,堵塞交通达数小时。他们抗议英国政府对优步提供服务的不作为,阻塞的交通和媒体的报道对Uber来说却好处多多。抗议活动发生的当天中午到午夜，优步的下载数量与一周前相比翻了9倍。

任何方式都是宣传，所以当一个人用这种堵路的方法做负隅顽抗的时候，历史的车轮会无情地碾轧过去。当一种事物是违背社会发展的方向、是走向提高碳排放的方向、是减少社会福利的方向、是让这个社会交易成本上升的方向，就算再抵制，也是螳臂当车。

本书呼吁"放弃'我拥有'，追求'我创造'"，每个人的价值都是来自我们所创造的东西，而不是我们所拥有的东西。

资本的力量在不断地削弱，连投资这件事都已经可以用人人共享的模式了。有一个众筹网站叫Kickstarter，它可供人们为各种项目提供资金。资金提供者不占有股份，而是被赠予一系列礼物。2009年以来，Kickstarter为7万个项目募集了将近14亿美元的资金，通常是些独一无二的小项目。有人用很有趣的想法在这里募集了资金，比如卡罗琳·伍拉德就组织了一个平台，纽约社区的人可以教课，来听课的人可以用物品交换知识。于是，教师们真的收到了跑鞋、CD、陌生人的来信和奶酪等物品。

如果你想迈出这一步，用众筹的方法，机会就多了很多。所以，人人参与就是力量，没有个人的积极参与，整体将寸步难行。

书中还有4个案例，我认为非常值得分享。

第一个案例是"全球森林监察"。

它证明了个体学习的循环是如何提升群体的力量的。"全球森林监察"这个平台能够预测哪些森林区域可能起火。

首先，该机构与美国国家航空航天局进行了协商，使用了分辨率成像光谱仪和美国陆地探测卫星系统中传送出的卫星图像。之后，"全球森林监察"将全球国家地区之间的界线和土地划分制成了照相地图……该平台聘请工程师创建了一个网站，从而每16天就可以对这些图像进行更新，并预测有哪些森林区域将会起火。

"全球森林监察"这个平台，不是某个个人能够搭建的，它共筹集了2200万美元。这给我们的启发是，共享平台可以在更大力量的支持下完成看似不可能完成的任务。

第二个案例是法国的网站 La Ruche。

La Ruche 的含义是"农场直达餐桌"，这个网站设立的初衷是让消费者和生产者之间不存在中间商。这很好理解，有时候我们吃的东西价格很高，因为从农场到批发商，批发商到零售商，零售商到超市，超市再到我们，一路下来，东西就变得很贵。

现在，如果从农场直接把食物送到你的餐桌上，会比你在超市买便宜得多。我对此感同身受，樊登读书会有一名会员，卖一种在北方卖得很贵的水果。他给会员的价格很便宜，大家可以每天像坐在田间地头一样，吃这种其他地方卖得很昂贵的水果。

我还听到读书会的一个会员讲他们的变化，往年他们卖苹果，都是大卡车开到苹果园里，一车一车地把苹果装车拉走，这是传统的商业模式。后来，苹果园里没有大卡车了，快递员来了。他们坐在田间地头，填单子，直接一箱一箱地打包寄到城里去。

人人共享的平台会去中介化，让中间的大量机构和环节消失，变成从农户到使用者。

第三个案例是一个我很尊敬的平台 G-Auto。

在印度，大部分城市的街道上仍有电动黄包车存在，以满足在公共交通不够发达的情况下人们对低成本交通方式的需求。……更节省能源，能在极小的空间内转弯，能让 3 个成年人或是 6 个儿童挤坐在一起。它们也能运东西……它们基本上无处不在。而讨厌它们是因为很多人讨厌它们，大部分是交通管理员、官员以及汽车司机；即使是乘客有时也会讨厌它们。

直到 G-Auto 的创始人尼迈·库马尔开始使用人人共享模式：组织车主、提供规模经济，提高供应和需求，提高质量。库马尔说："印度有 500 多万辆电动黄包车，每天能接送乘客 2.5 亿人。这些黄包车大多是在城市里，没有一种单一的交通模式能够承载这么多的乘客。"

G-Auto 一方面利用技术，使人们去预订、呼叫并跟踪交通工具，减少了拒载和多收费的现象。并通过让乘客在乘车之前了解司机的身份，为乘客带来了更多安全感。另一方面，乘客的反馈机制能确保司机有更好的表现，他们不会通过绕路来提高费用，或者在途中加油让乘客等待。G-Auto 甚至还鼓励电动黄包车司机尝试更多服务类型，比如很受乘客欢迎的"古迹导游服务"。

第四个案例是 Airbnb。

Airbnb 做过一件特别棒的事。飓风"桑迪"袭击美国东海岸几天后，Airbnb 立即采取行动，纽约有 1400 多位 Airbnb 的房主为那些无家可归的人免费提供住宿。很多灾民就住在了 Airbnb 的房主家里。没有人人共享，是根本不可能实现这样快速的响应的。

在阅读《共享经济》时，我的很多感受被激发了出来。

有一次，我去修车，给我修车的小伙子原来在某个知名品牌 4S 店工作。他现在自己开了一个小门面的修车铺，技术非常好，态度也很好。虽然他的店不是那么高大上，但他修车的流程很专业。修完车后，他还会把车洗干净。而且，如果后续有任何问题，还可以免费修。他还管验车、保险、理赔，他的承诺是关于汽车的一切事，全可以代办。只要我在他那里买个保险，就可以去修车。

我的车如果在 4S 店保养的话，一次需要几千块钱，在他那里，1000 块钱都用不到。我问他是怎么实现这么便宜还能提供这么好的服务的？他说："我们很多师兄弟都是 4S 店的，大家下班后都没事干，就是过剩产能。他们又想多挣点儿钱，就到我这儿来干活。虽然我给他们的钱比 4S 店给的要低，但这是他们业余时间赚到的。"

我当时就想，我们可以做一个应用软件，就叫"4S 店 8 小时以外"，这个应用软件上都是从 4S 店出来的技师，它"消化"的就是 4S 店这些人的多余产能。甚至可以再往前延伸一下，给车找个全方位服务的"保姆"，把车整个保养的流程、时间、年审、年检、驾照过期、行驶本过期、保险过期等信息全用电子档案记下来，这就变成了一个人人共享的平台。

很多奇迹都是人人共享创造出来的，人人共享真的可以改变各行各业。希望我们一起去创造一个这样的平台，参与进这个潮流，或者作为一个强大的个体参与进去，也可以改变我们的人生。

《翻转课堂的可汗学院》：未来的学习会是什么样

这是一本关于教育的书。书里有这样一段话："世界变化之快让深度创造力和分析思维不再是可有可无的技能，它们已不再是只有社会精英才具备的优势，而是我们每个人不可或缺的生存本领。"

作者是孟加拉裔的美国人萨尔曼·可汗，这本书的推荐人名单相当"豪华"，有美国前副总统阿尔·戈尔、微软公司创始人比尔·盖茨、诺贝尔和平奖获得者尤努斯、谷歌公司董事长埃里克·施密特、美国著名导演乔治·卢卡斯，还有2013年全球首富卡洛斯·斯利姆·埃卢，以及TED大会创始人克里斯·安德森。在中国，清华大学教授彭凯平说萨尔曼·可汗能"洞见教育的本质"。

萨尔曼·可汗从教他的表妹学习数学开始，总结出很多方法，后来美国很多学校都运用了这些学习方法。

网上能找到视频，英文名字是 The One World Schoolhouse。通过视频，我们可以看到他教数学的方式：视频中没有人物，只能听到旁白，用屏幕录像的方式，十几分钟一个小知识点就能讲明白数学中的概念，例如什么是对数、复数、极限、求导……

这怎么就能够风靡全球呢？

可汗的创业之初

萨尔曼·可汗，1976年出生，他的妈妈是印度人，爸爸是医生。他13岁时，爸爸就去世了。他在一个单亲家庭长大，数学方面表现出了过人的天赋。他考上了麻省理工学院，拿到数学学士和计算机学士学位后，又在哈佛大学读了工商管理硕士（MBA）。他在2004年结婚。他的小表妹纳迪娅来参加婚礼，向他倾诉了自己的苦恼——她学不好数学。她知道表哥是一个数学天才，希望表哥能够远程辅导她一下。

纳迪娅最大的问题是不会做单位换算，例如把英米换成英寸、盎司换成升。可汗便用电话对她做远程辅导，辅导她的时候，小姑娘经常瞎猜。

可汗很生气，他要求她必须搞明白才行。他把所有的概念一个一个讲出来，直到纳迪娅搞明白单位换算是怎么回事。此后，小女孩的自信心爆棚了，因为最难解决的问题被她攻克了！她的数学成绩有了突飞猛进的提高。

于是，十几个亲戚的孩子都来找可汗辅导。他一开始是一个个沟通，很累。他一个朋友建议他，干脆把讲的东西录下来，放在YouTube上，给他们一个账号让他们随便看。

我们听过乔布斯创业是在车库里，可汗创业却是在他们家的衣橱里。他听从了朋友的建议，把衣橱腾空，准备了一台电脑，花了80美元买了电子屏，后来又花20美元买了一个屏幕录像软件，一共100美元加上一台电脑。他开始在自己的衣橱里一个知识点一个知识点地讲了起来，讲完就上传到YouTube上。

亲戚家孩子的成绩一发生变化，周围的孩子就跟着看，后来就变成了很多人在看。截至2014年1月，他的视频得到了3.35亿次的播放量，有163万的订阅者。

我们想想看，三点多亿次的点击量，代表他用自己的力量帮助了全世界的数亿孩子把数学学得更好！

他做这一切都是公益和免费的。后来，比尔·盖茨给了他很大的支持。

盖茨基金会给了他 550 万美元，谷歌给了他 200 万美元，让他把这项公益教育事业推广下去。

消灭隐患的精熟教学法

为什么他这么简单地讲一讲，就会对过去的教育产生这么大的颠覆？这是有原因的。

第一，可汗学院最核心的教育理念叫作"精熟教学法"。

精熟教学法是保证每个学生真的把每个知识点都学会，而不是混过去。这在学校教育中很难做到，试想一个老师教那么多学生，怎么能够保证每个孩子的每个知识点都精熟掌握呢？老师的办法就是考试，只要通过考试，就算过关。问题是通过了考试的孩子，有的可能根本没学会，靠瞎猜也混过去了。

很多孩子考了七八十分，过关了，很高兴，但他们意识不到隐患，因为七八十分意味着他们很多知识点根本不会，只是把最基础的一点儿东西学会了，还有很多运气的成分。又如，"四个选项选最长，不行就选第三个"这种"选择方法"，只是帮学生蒙混过关，学生根本没有扎实的基础，出现难一些的题就完全没办法了。精熟教学法就是要保证每个孩子在每个知识点上都会，可汗学院把每个知识点都录下来，让人可以反复看，直到看懂为止。

第二，可汗的所有教育理念都是有神经学依据的。

教育是如何发生的？可汗的实践给了我们以下启发。

首先，人的大脑就像肌肉一样，是可以锻炼的，它会变得越来越强大。

真正的理解是当你学习的时候，"接受了教育"的神经元会长出新的突触。当活跃的突触数量不断增加时，神经细胞在传递信息时的效率就越来越高。最后，突触连成片。当我们知道了事和事之间的关系，才达到所谓的"理解"。

其次，神经学的启发就是，知识存储的时间取决于大脑的活跃度，一个勇于追求、探索的孩子，会很容易学会一些东西。而如果是填鸭式的教学方法，要求他必须得记住的时候，他就记不住。一个人愿意主动学习，大脑活跃度才会强。

最后，掌握知识的时候，不要割裂，而要联系。这里有一个非常有意思的例子。传统的教育中，我们经常把很多知识全部割裂开。我其实一直就觉得物理和数学是很难分家的，物理背后有很多数学知识。但是，中学硬生生地把它们割裂成好几门课。如果能够让孩子建立起这样的联系，说原来这几门课是这样的关系，他就会豁然开朗。

读书也是如此，好多人总是问我："樊老师，为什么你读过的书都能记得住？"

因为我把这些书连成片——我能够知道这本书跟那本书之间的联系，可以看到孔子和柏拉图之间的联系，看到可汗学院和孔子之间的联系……它们可以连成一片。这个时候，忘记它们反而变得很难了。

我发现很多人的读书方法不太对，大脑其实没有把知识连成片。这可能是因为上大学时，大家的学习方法就是一门课一门课地解决。

历史上有两个重要的事件：一个是拿破仑战争，另一个是托马斯·杰斐逊购买路易斯安那州。当时，美国的总统托马斯·杰斐逊花了很低的价格，把整个路易斯安那州买了下来，这在美国历史上是非常重要的一个事件。为什么路易斯安那州卖得这么便宜呢？因为战争的失败，拿破仑急需大量资金，所以他就以很低的价格卖了这个州。

美国史和欧洲史看似不搭界，但实际上，当你能够建立一个整体观的时候，就会发现欧洲史和美国史其实是可以联系起来看的。

可汗发明了一个知识地图的概念。他喜欢把一门学科画一张图出来，然后让大家知道这门学科原来是这么回事。

我在上高中的时候，高三一年把金庸的所有小说都看完了，也很顺利地考上了大学。

很多人问我有什么学习方法，我的方法是每次考试前，用一张大白纸把这门课程整个学期学的所有内容都画出来。画公式不是为了背这些公式，而是把握这些公式之间的联系。当把这个结构整理清楚以后，我对这一切就了如指掌了。

第三，教与学的统一。

可汗认为一门课程学得好不好，跟学生是否主动学习有关系。学习不能变成单方面的压迫，而是学生在各个阶段的学习都应受到鼓励，他们对自我的教育要持积极的态度。

被人叫笨孩子的人，当他看到解决问题的希望的时候，会不断地、反复地看视频。

可汗要让学生真的对每个知识点精熟，这是可汗的理念。为了让学生完全掌握一个知识点，可汗试探性地将标准定为"连续答对10道题"。如果他们未能达到这个标准，就得对知识点进行复习。

因为学生认为连续回答10道题是件困难的事，所以就像打游戏一样，他们把10道题都答对时就能体会到一种成就感，自信心和自尊心就会得到很大满足。

在我自己的大学经历中，有一次要考概率论。我爸爸是个数学教授，他正好教概率论。他说："我出题你做一下。"他直接就写了10道题。我做完给他看，他一看，说："你明天肯定过不了，连40分都考不到。"

我问他怎么办，他说："你今天晚上就把这10道题做会。"

我就一边查书，一边把那10道题都做会了。第二天去考试，是真正的临时抱佛脚。

结果考了88分，我排在我们班前3名。

第二次考线性代数的时候，我就主动找我爸。我说："爸，能不能再给我出10道题？"我爸又给我出了10道题，我又查着书把那10道题做了，又考了88分。

我反思，为什么他出10道题就能保证我通过考试？后来我想明白了，因为他把这门学问完全吃透了。可汗学院选择10道题也是把这个知识点整个检测清楚了以后才做出的选择。孩子们平常总说学习累，他们累是因为要做大量的、重复的习题。10道题的任务量对孩子来说相对是轻松的。

存在的，未必是合理的

可汗学院的教育理念，我认为是非常符合小孩子的需求的，它为全世界的教育提供了一个新的模式。

人类的教育从原始人时就开始了，原始人打猎的时候，是"学徒制"——采用一种模仿的方式，如同老虎教小老虎扑咬东西。一直到古希腊、孔子之前，几乎都是一个以实用性为主的学习过程，师父手把手地教徒弟。

孔子和柏拉图很伟大的"发明"，就是让学生用学习的方式学一些"闲"的技能，比如诗词歌赋，学礼乐、学辩论，学这些跟生产没有什么关联的事。此时，教育变成了一个奢侈品，只有贵族才能够享受。

直到出现一次大的改变，教育才从小规模变成了大规模。这次大的改变是古登堡发明了印刷术，使书籍的成本大幅下降。此前，手抄书的成本是高昂的，据说一本书的价格相当于如今一所高档住宅的价格。

书籍成本的大幅降低，让老师不再是唯一的知识来源。书的作用超过了老师在教室里的作用，老师所起的作用是讲书里的内容，这个叫作"哺乳式的教育体系"。

如今的K-12教育模式，也就是大家熟知的基础教育，是哺乳式教育模式的一种延续。1892年，美国国家教育学会组成了一个"十人委员会"，界定了教学的模式：在美国，所有年龄在6~18岁的公民都应完成8年的初等教育以及4年的中等教育。

至今已有130多年了，可怕的是这套教育体系没有变过，而我们这个世界发生了这么多变化！"十人委员会"也曾担心这会给创造力造成很大的扼杀，所以他们当年留下了这么一段话："一旦学生掌握了严谨的逻辑推理方法，老师就应该果断停止被动式的教学过程。学生应该开始尝试自主构建几何图形，并在此之上进行分析推理。仅通过阅读书中的内容无法深入掌握几何学，在数学领域，如果仅仅被动学习，长此以往，我们将逐渐丧失兴趣，无法在独立学习中体会到数学的魅力与神奇。"

很可惜，他们只是提出了问题，并没有解决问题。他们担心的弊端真的出现了。

这种教育的方式，有3个问题需要解决。

第一，及格是一个谎言。及格其实没办法划定界限，可我们常说60分及格。

我的化学一直学得不好，我上初中的时候就没学好，可是我别的学科成绩高，没有影响中考总成绩。到了高中，化学变得更难了，我还是靠其他成绩上了大学。到了大学，看到化学，我彻底傻眼了，直接放弃了。

有一次化学考试，同学告诉我："你要不及格了。"我惴惴不安。卷子发下来，是61分，我欣喜若狂。原来老师批完卷子后，发现不及格的人太多了，就给每个人加了5分。

大家追求的不是学会，而是60分。可汗把这个现代教育的弊端叫作"瑞士奶酪式的弊端"——一个瑞士奶酪，远远看过去挺完整的，近看全是洞。

第二，考试不能在实践方面进行检测。考试能在一定程度上检测学生的记忆能力，却没有办法考查创造力。

书里讲到这样一个例子：纽约州政府雇用了一家新公司，为学生重新制定标准化考试方案，是因为此前考试系统长期被使用，学生和老师都可以轻松地猜到考试内容。为了解决这样的问题，原本制定考试内容的那家公司提升了考试的难度，他们的改变让学生的成绩一落千丈。显然，这样的答案并不能让州政府满意，所以他们才耗巨资雇用新公司。

第三，可汗谈到了世界各地关于家庭作业的争论。

他写到一名七年级学生这样描述她每天的作业："每天做作业都要做到12点以后，作业太多了，每天只能睡六七个小时，一点儿都不健康。"

让我们来想想看，老师在实际工作中要面临的具体问题是什么。老师讲的某个知识点，也许很多孩子都懂了，但是老师并不知道具体是谁真的掌握了。

所以，他只能通过做作业——让所有孩子一起做作业来检验。

这样，很多孩子就浪费了大量精力，学习也变成了一个体力活儿。

为现实和未来带来机会

只要意识到问题所在，就有机会改变。

可汗从 2004 年给他的表妹讲课开始，就持续实践着自己的教育理念。到 2009 年，每天有成千上万的学生利用可汗学院进行学习。他开始尝试进入校园，与现实世界中的教育领域接触。但是，他经营这家非营利性企业，并没有募集资金的经验。

直到有一天，一位风险投资人的夫人听到他说"我没有做到养家糊口，家里现在花的是存款"之后，给了他 10 万美元以表示支持。又有一天，这个投资人的夫人给他发来了短信，告诉他，在阿斯彭思想节上，比尔·盖茨谈到他了。原来，比尔·盖茨也借助可汗学院进行自我学习，并帮助孩子学习。

一周以后，微软公司的主管给可汗打电话，让他有机会和比尔·盖茨谈他对可汗学院的憧憬以及规划。此后，事情变得明朗，盖茨基金会为可汗学院提供了 150 万美元的资助，可汗有了自己的团队。之后，盖茨基金会又投资了 400 万美元来支持他们开展其他项目。

可汗学院开始"走出衣帽间"，用更灵活的方式展开教学。奥克兰合一高中的校长和老师这样描述孩子们采用可汗学院的教育方式后发生的变化：

> 我们认为可汗学院的教学方法从根本上改变了学生的性格，让那些原先对自己的学业漠不关心的学生突然开始为自己承担责任，让曾经懒散懈怠的学生变得刻苦努力。我们相信，学生性格的改变是每个班级乃至每名学生获得惊人成绩的主要原因。

通过可汗学院，孩子们的成绩都得到了大幅提升，因为在可汗学院的所有学生都通过连续答对 10 道题目来继续学习，没有人被抛下，考试就不需要再考知识点了。

可以从每个人的学习轨迹中判断出这个人的特征：学生在学习过程中的理解能力如何，他在规定时间内掌握了多少个概念；或者，他在学习时反复看的视频是什么，反复做的题目是什么。以此来了解这个孩子可能适合做什么工作，他的创造力在哪里。

萨尔曼·可汗预期未来的教育要打破将学生按照年龄划分年级，应创建一个没有年龄限制的教学课堂。

一个班上有 18 岁的孩子，也有四五岁的孩子。这时候，大的孩子就可以帮助小的孩子，就能培养大孩子的责任感。一个教室里有好几个老师，学生可以从不同的老师身上感受不同的风格。

这听起来是天方夜谭，但英国的夏山学校、美国的瑟谷学校已经把混龄制完美地呈现了出来。瑟谷学校有大批的毕业生，他们都能申请到自己心目中的理想大学，其中许多人进了一流大学。他们很容易适应社会，并且在回忆起童年时觉得无比快乐，因为他们每天都忙着主导学习。

有秩序的混乱能够激发一个孩子学习的主观能动性，他觉得自己不是被束缚在这个教室里的，而是"我在参与、我在推动""我为了自己的人生、兴趣、发展在学习"。

可汗认为应该重新定义寒暑假。在生活中，我们经常发现，一个孩子过完了寒暑假要进入下一个年级的时候，以前学的知识都忘光了，得先用半个月来收心……很多家长为了避免这个现象，走向了另一个极端，把寒暑假变成了更加悲惨的生活——上各种辅导班。

可汗的建议是，既然学生是与不同年龄层的学生一起学习的，并遵循自己的学习进度，那就无须人为地规定学生进入下一个年级的时间。如果学生想去旅游，那就随时可以申请放假，况且有了定制的视频课程和练习，也就不会错过学习知识。

可汗对教育是有使命感的，他希望地球上的任何人都能够随时享受世界一流的免费教育。如果可汗学院的教育模式被大力推广，贫穷的孩子就有机会学到跟生存技能有关的知识。

加拿大的滑铁卢大学是一所名校，这所学校里的学生毕业之前，要有24个月的实习期。这代表着学生上大学期间，几乎一半的时间是在实习。他们找工作的时候，竞争力非常强。尽管加拿大籍员工的签证问题往往会给美国雇主带来不少麻烦，但是在微软和谷歌这样的顶尖公司，该校毕业生的人数绝不少于麻省理工学院、斯坦福大学和加利福尼亚大学伯克利分校。

在生活中，我见过有的孩子一提到实习，就问需要交什么材料，好像实习的目的只是能交一份实习报告。他在想办法把这件事凑合过去，没有意识到这件事跟他的人生有关。

事实上，孩子是有自己的潜力的。只要我们加以引导，给他足够的舞台，让他的意识翻转，让他知道他才是学习的主人，也是未来自己的主人，他就会有惊人的变化。

也许有人看到这里会问："可汗学院不收钱就可以看视频，樊登读书会为什么要收费？"我很早以前就思考过这个问题。

我担心生存不下去，我们可能遇不到比尔·盖茨这样的人。

毕竟，樊登读书会讲的内容，听起来并不是硬需求，既不和考试、加薪有关，从表面上看，和未来也没有硬关联。读书也许真的不是一个硬需求，我希望首先唤醒的是那些愿意读书的人，希望他们从很多娱乐方式中回到书本中来。

我们试过给人免费看樊登读书会的讲书视频，发现能免费看的人大部分都不看。一旦交了钱，这个认知程度就会高很多。

我也在努力做一些有社会责任感的事，樊登读书会捐助了很多乡村小学的图书室。这对孩子们来讲很重要，我们在很多孩子的房间里放了很多书，请求校长每周每人至少发一本，孩子们的成绩得到了大幅提高。

我对樊登读书会有很大的期许，我想在偏远山村做一个社会学的实验，还邀请了一个社会学的博士去做调研。我们免费给这个村开放一年的读书会视频，再请读书会的伙伴每周组织大家一块儿学一本书。最后再去做一次测评，看看这个地方会发生什么样的改变。

可汗给我的启发是，他是一边研究一边摸索，慢慢形成了自己的理论。樊登读书会也可以这样探索，通过这样的方法帮助更多中国人养成读书的习惯，每人每年读50本书。

我相信这个世界会变得越来越好。

最后，关于教育和未来怎么宣传都不算多，因为现在真的特别需要大批的人分享更多的想法，所以如果您身边有这样的资源，我希望您把这篇文章给老师们看一看，给校长们看一看，给教育局的工作者看一看，谢谢！

精进生活 下篇

创新者的两面性
简单的生活 静水流深
用舍弃迎新说
创新的时机选择
女性的困与恐惧是什么
生活中隐的暴力

Reading for a lifetime

与自己和解，直达精进

人的大脑是一层一层发展出来的，你可以想象成 3D 打印的感觉。最下面一层叫作"爬虫脑"，它只负责让你活下去。婴儿刚出生的时候基本就是爬虫的状态，就是吃、睡、生长。中间的那层叫"哺乳动物脑"，在边缘系统。它负责让你安全，所以我们对危险特别敏感，只要有风吹草动，就会分泌肾上腺素，让我们进入戒备状态：要么战斗，要么逃跑。

最伟大的是第三层——前庭部分，是人类有别于其他动物的根本。这个部分发展出了平衡力、社交力、逻辑思维能力、想象力。人们用这部分改造了世界和自己。

因为有这三层脑，所以你有三个等级的追求安全感的表现。在你还能思考的时候，你会寻求社群的帮助、呼救、找人、想办法。当你觉得危险就在眼前的时候，会分泌肾上腺素，选择战斗或者逃跑。

当发现反抗无效时，比如面对一个持枪的歹徒，你的爬虫脑会保护你，让你呆住，心率降低，精神恍惚，失去思考能力。别小看这个，这会让你把伤痛降到最低，仿佛受伤害的并不是你一样，这叫作"人格解离"。

我们每个人或多或少都有过一些伤痛（如果你非说自己没有，那可能是潜意识让你忘记了，这样更麻烦），在处理这些伤痛时，我们体内会形成至少三种角色：放逐者、消防员和管理者。放逐者是那个当年受伤的孩子，他总是让你想起危险和羞愧，所以你放逐他。但他经常会回来，再次让你体验痛苦。消防员的任务是让你立刻好受些。要么发脾气、摔东西，要么暴饮暴食、看电视、吃薯片。管理者约束自己，不让那个放逐的孩子出现。所以，你自律、精进，并对自己不断挑剔。你有没有觉得你有时候批评自己的样子像极了父母？因为你不允许自己再受到伤害，所以提前约束了自己。

很多人所理解的精进，就是不断地约束、鞭策自己，在课桌上刻"早"字，在网上打卡学习。我看到很多公众号整天教人要自律、要学习，不学习就越来越焦虑什么的，我就揣测这大概就是为了要大家订阅吧。好的教育或者知识产品不是利用人们的焦虑，而是给人们带来启迪、开阔视野。越是让你体内的管理者强大，你的人生可能越痛苦，因为那个内在的放逐者永远都不能被接受。要知道，无论是放逐者、消防员，还是管理者，他们所做的事都是为了让你安全地活下去。一味地自责和约束，只会让心理失衡更严重。

大家有没有发现经常有新闻说某某逃犯几十年后成为企业家、作家、网红？这些经历过严重应激状态的人往往可以成长为特别强大的管理者，做事专注、有韧性。所以，他们真的容易做出一番事业来。但他们内心的焦虑和恐慌，听到警笛就浑身出汗的生理反应，和妻子、家人紧张的人际关系，恐怕只有他们自己才知道。所以，被抓后的他们的标准台词一定是："如释重负。"

佛家讲六度：布施、持戒、忍辱、精进、禅定、般若。我想这里的"精进"应该是以智慧和慈悲为前提的，这就是智悲双运。缺乏智慧，你就不会了解自己；缺乏慈悲，你就不会接纳自己。缺乏智慧，你就不会了解众生；缺乏慈悲，你就不会接纳众生。

所以，在我们火急火燎地开始追求精进之前，先从最基本的心理学知识了解自己，对自己好一点儿。让那个放逐的孩子感受到来自今天的你的关爱和保护。精进绝不是一件痛苦的事，就像用毅力永远无法戒烟一样，了解和接纳才是让自己发生改变的根本途径。一个和自己和解的人，是不需要强迫就能够不断精进的人。

Reading for a lifetime

《离经叛道》：
做有趣、有胆、有谋的创新者

《离经叛道》的作者亚当·格兰特被评为"全球 25 位最具影响力的管理思想家"，他是沃顿商学院最年轻的终身教授。他写过另一本畅销书《沃顿商学院最受欢迎的成功课》，书里探讨了成功和失败非常重要的因素。

《离经叛道》颠覆了我们对创新的理解。过去，我们认为创新者应该很果断，创新就应该义无反顾、下定决心，比如辞掉公职，只做自己。作者认为并非如此，伟大的创新者都有拖延的习惯（当然，如果不是一个伟大的创新者，那你最好还是要战胜你的拖延症）。创新者是会脚踩两只船的人：一边做着稳定的工作，一边在摸索着创新。

这本书彻底让我改变了对创新者的认知和看法。

我们先来识别什么是好的创新，什么样的创新真正有效。

然后，学会让你创新的想法获得支持，并选择一个恰当的时机，把这个创新推向市场。

接下来，还要选择同盟的战友。有了同盟的战友以后，大家一块儿去把这个创新做强。

最终，他探讨了一个非常重要的话题，就是究竟怎样才能够培养出这些所谓的"离经叛道者",就是不按常理出牌的人。比如,为什么有的孩子容易去做创新的事,而有的孩子则不会?甚至同胞兄弟之间也有不同,有的老大常常墨守成规,年纪越小的人越容易去做一些创新的事。这跟我们的教育方式,以及他们在家庭中的排位,都有着非常密切的关系。

创新者的两面性

创新者也会犹豫不决。书中有下面这样的例子。

历史学家兼普利策奖得主杰克·雷科夫说:"尽管他们本身不想成为革命者,但最终还是成为了革命者。"

约翰·亚当斯和乔治·华盛顿是美国国父级的人物,但他们并非情愿如此。约翰·亚当斯曾害怕英国会报复,犹豫着是否要放弃自己刚刚起步的律师生涯。直到当选为代表,出席第一届大陆会议之后,他才参与到政治事务中来。

乔治·华盛顿一直专心地管理他的资产,以及小麦、面粉、渔业和养马的生意,直到亚当斯任命他为军队总指挥,他才投入革命事业。华盛顿说过:"我已经用尽了我所有的力量去避免它。"华盛顿并不想做国父,他并不想闹革命。

近2个世纪后的马丁·路德·金,也对于领导民权运动感到担忧。1955年,罗莎·帕克斯因为搭乘公交车时拒绝给白人让座而被逮捕后,一群民权活动家聚集在一起,讨论应该如何回应。他们同意组建蒙哥马利进步协会以发起抵制公交车运动,与会者之一提名马丁·路德·金为民权领袖。马丁·路德·金曾经回忆:"此事发生得如此之快,以至于我还没有时间去深入思考它。如果我有时间的话,我会拒绝这项提名。"当他被一致推选为这场运动的领袖,要面向社会发表演说前,他说:"我充满了恐惧。"

这些具有创新精神的颠覆者,他们并不是天生就愿意颠覆的人,而是犹豫再三的,他们的性格中有很多慎重的成分,然而他们最终还是做了颠覆整个世界的事情。

亚当·格兰特在书中写到他如何看待"创新需要冒风险"这一观点。

书中写到沃比帕克公司，2008年一个凉爽的秋夜，4名学生决定做一项颠覆性的事业——他们想在网上卖眼镜。不断有人告诉他们："如果这是个好主意，一定早就有人做了。"但是2015年，美国商业杂志《快公司》发布了全球最具创新力公司榜单，沃比帕克不仅光荣上榜，还位居第一，而在此之前名列前茅的分别是创造性巨头公司——谷歌、耐克和苹果公司。这些大公司都有超过5万名雇员，而还在初创期的沃比帕克却仅有500名雇员。

在5年的时间内，这4位好友创建了世界上最杰出的时尚品牌之一，并给穷人捐赠了超过100万副眼镜。公司年收入达1亿美元，估值超过10亿美元。

回溯到2009年，沃比帕克的创始人之一尼尔·布卢门撒尔曾向亚当·格兰特推销过自己的公司，但他拒绝了。后来，格兰特说这是他所做的最糟糕的决定之一。

当年，尼尔·布卢门撒尔去找亚当·格兰特。亚当·格兰特告诉尼尔，如果他们真的对沃比帕克充满信心，就应该退学，投入全部精力去创办这个公司。

尼尔说："我们想给自己留有后路。我们不确定这是否是一个好的想法，我们也不清楚它是否会成功，所以我们利用我们上学期间的业余时间做这项工作。在开始创办前，我们四个就是朋友，我们承诺相互间公平对待比成功更重要。但这个暑假，杰夫获得了奖学金，从而可以全职投入这项事业。"

那其他3位创始人都在做什么呢？尼尔坦言："我们都要去实习。我在咨询机构，安迪在风险投资公司，戴夫在医疗保健行业。"

亚当·格兰特在对他们彻底放弃之前，想起这些孩子快毕业了，这意味着他们最终有时间可以全身心地投入。

尼尔却说："我们已留好后路。为防止公司不成功，我已经在毕业后接受了一份全职工作。杰夫也一样。为确保能够有选择，戴夫在暑假得到了两份不同的实习，他正在同他之前的雇主谈论再次归队的问题。"

他们4个都没有跳出原来的行业，都没有把背包扔过墙。

但他们成功了。

很多人想创业,得到的建议都是先辞职,然后干自己的事业。事实上,很多惨痛的创业经历,就是因为创业者什么都没有了,只能孤注一掷,最后甚至会落得血本无归。

乔布斯的合伙人史蒂夫·沃兹尼亚克在发明了第一代苹果电脑之后,于1976年与史蒂夫·乔布斯创建了苹果公司,但直到1977年,他仍在惠普公司做全职工作。

比尔·盖茨在上大二期间售出一个新的软件程序时,他并没有退学,而是等了整整一年才离开学校。离开学校时,他仍没有退学,而是申请了休学,获得了学校的正式批准。而且,他的父母还给了他一笔资金,平衡了风险。

这些人都不是稀里糊涂、盲目单干的人,我做樊登读书会也是如此。创办樊登读书会虽然算不上特别大的颠覆性创新,但是我们在某个领域真的是小小的引领者,我们创造了一种新的模式、一种新的学习方法。我并不是一想做读书会就立即辞职来做的。起初,在另一个领域得到了足够安全的生活、环境、收入,我才能够用新的方式放手一搏。等到读书会发展到了有上万会员的时候,我才决定从大学辞职,专心做读书会。

为什么这种犹犹豫豫、脚踩两只船的人,反倒更容易做出颠覆性的创新?

原因是在一个领域保持安全,在另一个领域才会做颠覆性创新。半个世纪之前,美国心理学家克莱德·库姆斯提出,"在日常生活中,成功人士对待风险也同样如此,他们在组合中平衡各项风险。当在一个领域铤而走险,我们可以通过在其他领域谨慎行事来降低整体风险水平。如果你打算豪赌一把,那么在开往赌场的路上,你也许会放慢速度,低于限速行驶"。

当一个创业者把身家性命放在一家新公司的时候,他就不会做大风险的尝试,他不会做颠覆性创新,只会看别人怎么做,他就怎么做。他只有觉得安全,才愿意创新。哪怕失败了,他觉得自己还能回去接着干。

除了这个推理,还有一个数字是这样的:同那些辞去本职工作创业的企业家相比,那些继续本职工作而创业的企业家失败的概率要低33%。换言之,就是成功率要高33%。这是用统计数字得到的结果。

最好的企业家，不是那些追逐最大风险的人，而是努力将风险降到最低的人——不要小看这个脚踩两只船的行为。

很多人被创业的心灵鸡汤所蛊惑：要想创业，就要放手一搏；要想创业，就要背水一战。不把自己逼上绝路，你不知道自己的潜能有多大。搞得最后完全没有退路。

很多人反对成功学的口号，就是因为它们缺乏有效的论点，以及实际的数字支持，只会让你觉得热血沸腾。这种东西是最危险的，就好像一个特别有意思的比喻：一只黄鼠狼站在山崖底下，跟上边的鸡说，"飞吧，你是一只雄鹰"，那只鸡就飞起来，然后掉下来，正好被黄鼠狼吃掉。这就是不负责任的信息带给我们的伤害。

最成功的创业者是什么样子的？他们不情愿地、小心翼翼地踮着脚走到悬崖边缘，计算好下降的速度，再三检查他们的降落伞，并在崖底备好安全网以防万一。

如何判断好创意

怎样判断一个创意是不是好创意，你是否该为它押上财富，这是非常考验判断力的。

书中就有这样一个案例。

世纪之交，一项发明给硅谷带来了一场风暴。

史蒂夫·乔布斯称这是自个人计算机面世以来最惊人的一项技术，他想给发明者投资6300万美元。由于发明者拒绝这一交易，乔布斯又提出，为发明者提供接下来6个月的免费咨询服务。亚马逊创始人杰夫·贝索斯也参与了进来。曾成功投资谷歌和其他许多蓝筹初创公司的风险投资家约翰·杜尔也向这家公司投资了8000万美元，并预测，它将以最快的速度发展成市值10亿美元的公司，并且将变得比互联网更重要。

这个产品就是赛格威电动平衡车，是供个人使用的具有自我平衡能力的交通工具，被《时代周刊》列为过去10年来十大失败的科技产品之一。

发明者本人迪安·卡门被称为现代的爱迪生，他的发明已经带来了很多重大突破，他的便携式透析机被评为当年的年度最佳医疗产品。他累计获得数百项专利，并从美国前总统比尔·克林顿手中接过了代表美国最高荣誉的发明奖项——国家技术奖章。

迪安·卡门特别看重电动平衡车的发明，他预计在一年之内，新产品的销量会达到每周1万台。但是6年后，他总共只卖出了大概3万台。十几年以后，这家公司仍旧没有实现盈利。

这个投资是失败的。

电动平衡车有很多优点，它不像汽车那么庞大，不堵车、很灵活，但是它没有后备箱，不能载人、不能载物。如果你去逛街,它不能承载你的大包小包⋯⋯种种不便利使得它并没有成为一个革命性的新发明。

可是，为何史蒂夫·乔布斯、杰夫·贝索斯、约翰·杜尔这些拥有顶尖商业头脑的投资家也会判断失误？

一个重要的原因是，过分自信的人会产生认知偏差。

社会科学家给出了这样一组数据：

高中生：70%的受访者认为他们有"高于平均水平"的领导能力，只有2%的人认为自己的领导能力"低于平均水平"；在被问及"与人相处的能力"如何时，有25%的人将自己排在前1%，而60%的人将自己排在前10%。

大学教授：94%的人认为自己是在做高于平均水平的工作。

（对于这个，我只能一笑置之。当年，我们一个大学老师每次上课的任务就是把书本上的内容写到黑板上。）

工程师：在两家不同的公司中，分别有32%和42%的人认为自己的表现跻身行业前5%。

企业家：有3000个小企业主对同类公司的成功概率进行排名时，平均而言，他们给自己的企业打8.1分（总分10分），但对于同类的其他企业，只打5.9分。

那些非常成功的人，更容易出现认知偏差。他们会觉得自己做的决策是不会出错的，很多大佬的一生中总会出一次大昏招，甚至会导致整个公司衰败。

认知偏差还表现在我们对自己产品的评判上。

心理学家迪安·西蒙顿对创意生产力有多年的研究，在音乐界，他指出："贝多芬最满意的那些交响乐、奏鸣曲和四重奏并不是后人经常演奏和刻录的那些曲子。"

在一项分析中，心理学家亚伦·柯兹贝尔特（Aron Kozbelt）仔细研究了贝多芬的信件，信中有关于他对自己70部作品的评价。他接着将这些评价同当代专家对贝多芬作品的评价进行了比较。在70部作品中，有15部贝多芬犯了乐观评价的错误——那些他期待会成为经典的大作最终并不出名；只有8部被错误地低估了，这8部被他自己批评的作品日后却收获了极高的评价。

迪安·卡门其实是一个非常优秀的发明人，他跟他的团队讲："在发现王子之前，你必须亲吻无数只青蛙。"

但是，当迪安·卡门一心扑在赛格威电动平衡车的研发时，他的自我认知出现了偏差，他未曾探索其他可以解决运输问题的方案。他忽视了一个事实，那就是创造者往往难以评估自己的作品是青蛙还是王子。

在实际工作中，创意和数量是挂钩的，就是你得做出足够多的东西，真正有创意的产品才会出现。

有一个实验是这样的，将小孩分成两组，对其中一组说："请你们做出最有创意的手工作品，只能做一次。"对另一组小孩说："你们做得越多越好。"

第一组就只研究精品，说一定要做一个精品出来；另一组则拼命做、拼命做，看谁做得多。最后，每组都挑最好的作品摆出来，看哪个是做得最好的。

结果发现，做得最好的作品几乎全部出自做得多的那一组。

熟能生巧的道理在此体现，当一个事物被做得足够多的时候，它才有足够多的修正机会。

最怕的是一个创业者一天到晚只会在纸上规划，总说"我得有资源""我得有计划""我的想法得和谁谁谁聊聊看"。这样天天交际，不深入工作，是不能把事情做好的，其实有时候就应该不管三七二十一，先把事情做起来再说。

"数量决定质量"这个理论也是有数据支撑的。

伦敦爱乐乐团选出的50部最伟大的古典音乐中，其中有6部是莫扎特的作品，5部是贝多芬的作品，3部是巴赫的作品。为了创造出大量杰作，莫扎特在他35岁去世前创作了超过600部作品，贝多芬在一生中创作了650部，巴赫写了超过1000部。在对1.5万部古典音乐作品的研究中，作曲家在任意5年时间内创作的曲目越多，产生传世杰作的概率就越大。

很多人都说毕加索是天才，他的作品数量惊人。书中写道："毕加索的全部作品包括1800幅油画、1200件雕塑、2800件瓷器、1.2万张图纸，更不用说大量的版画、地毯和挂毯了……"

所以，数量和质量之间是有着紧密联系的，当你需要判断你的东西是不是一个好东西的时候，你得问问自己："我有没有做足够多的尝试？"

判断一个创意的好坏，需要广泛而深刻的独特经历。

有一部电视剧叫作《宋飞正传》。电视剧播出前，做了试播集，邀请大家看。专业人士不看好，普通观众也不看好，因为当人们知道自己是被要求来进行评估，而不是体验这个电视剧的，心态就会发生变化。

但有一个人很关键，这个人叫瑞克·路德温。他的背景很复杂，他没有在喜剧部门工作过，却有创作喜剧所需要的经验。他在喜剧方面的丰富经历让他对幽默有了一定的认识，他在情景剧之外的广泛经历又使他不落窠臼、眼界开阔。他对电视产品最大的贡献就是支持了《宋飞正传》。这部剧大获成功。

广泛而丰富的经历对创造性来说是至关重要的。

在一项对诺贝尔奖获奖科学家的研究中，研究者将1901—2005年获得诺贝尔奖的科学家与同一时期的普通科学家进行了比较，发现诺贝尔奖获得者和普通的科学家，参与艺术活动的数量之比是：音乐2∶1；美术7∶1；手工艺7.5∶1；写作12∶1；表演22∶1。

一项针对数千名美国人的研究也显示了相似的结果，创办企业并获得很多专利的人，比他们的同龄人拥有更多业余爱好，比如素描、油画、建筑、雕塑和文学等。

我认识很多杰出的企业家，他们的爱好很广泛，有的人绘画甚至到了专业的水准。一个知名的喜剧导演，他画得非常好。还有个女演员，书法好得可以去题字。

一个人有跨界的爱好，对他成为创新者是非常有帮助的。比如，在海外住过5年以上的人更容易融合更多的文化，然后创造出更新的作品。让我们的孩子出国了解一下海外的文化，对他们会有帮助。

丰富的行业认知和广泛的经验，以及让更多人参与进来，能够降低对创意误判的概率。

沃比帕克公司的创始人都拥有多领域的经验，这让他们能不受传统思维的阻碍和评价心态的限制。他们在管理上，让所有的建议都公开化。创始人建立了一份谷歌文档，所有人都可以读到建议，在线做出评价，并在双周会议上进行讨论。这样不但管理层可以对这些想法做出评估，而且所有人都可以参与进来。员工们对颠覆性的想法更持开放的态度，而且因为在思考创意上投入了足够多的时间，使得他们有能力辨别哪些同事的建议最有价值。

获得支持的方法

当你识别出一个很好的创意以后，怎样获得支持也是有技巧的。

书中有一个很有意思的案例。20世纪90年代初，一位叫作卡门·梅迪纳的女性在中情局工作，她认为当时的情报界通信存在问题。她提出了极其反传统的疯狂想法：让情报机构不用在纸张上打印报告，而是立即将他们的发现发布并传递在情报界的机密网络上。

可在当时，人们认为互联网会对国家安全构成威胁，所以她的言论一出来，就立刻受到了所有人的攻击。

大家都不喜欢她，连她的好朋友也疏远她，她被边缘化了。最后，她甚至都想离开中情局。但是，她最终没有离开，而是做了远离执行部门的工作。她安静了一段时间，在3年之后，她决定再次倡导在不同机构进行连续报道的实时在线系统。

不到10年，一个情报机构之间互相沟通、联络信息的内部"情报百科"平台创立，这位女士扮演了不可或缺的角色。

几年之内，该网站在情报界积累了50多万注册用户，有超过100万网页和6.3亿的页面浏览量，并获得了"服务美国国土安全"奖章。

同样一个主意，她起初说出来的时候，大家非常讨厌她，然而多年后就没问题了，这很有意思。人在没有地位时，行使权力会受到组织的惩罚。就是当一个人在这个组织中还没有获得足够的认可和地位的时候，就去行使权力、发号施令，大家都会有逆反心理。

多年后，她再次努力的时候，不再尝试从下层改变体制，而是通过成为体制的一部分来赢得地位，然后从内部进行改变。

一位很有名的中国企业家说过这样的话："如果一个新员工过来跟我讲，某个具体的事该怎么做，我会很高兴，很感谢他。但如果这个人说，咱们公司的战略应该怎么做,我就会开除他。"他觉得这个人还没到说这个话的份儿上,是不可以这样做的。

有这样一个实验:实验者让两个人一块儿完成任务。对A说,你有权给B布置一个任务,B做完这个任务后就可以得到50美元的奖金。

第一组,实验者会给A透露一些信息,说B特别喜欢你,那么B得到的任务就很简单,比如讲个有趣的笑话,或者写出自己前一天的经历。

第二组,实验者会给A透露一些信息,说B看不起你,那么B得到的任务就很丢人,比如要学三声狗叫才能得到50美元。

这个实验说明了,在别人没有感受到你的尊重的时候,是容易打压你的。所以,权力的使用是需要谨慎的。

在一个组织里,当你还没有获得足够的地位时,轻易发表意见、行使权力是一件很危险的事。心理学上有一个专有名词,叫作"性格信用"。比如,明星可以乱穿衣服,有的明星穿一个七分裤走T台,大家会觉得很好看,普通人就达不到这样的效果。

艺术家为什么喜欢把自己打扮得奇奇怪怪?因为他们的工作是搞艺术,别人都不知道,没法评判,那只好通过他们的样子,让他们看起来很像艺术家,这就叫作"积累性格信用"。

我当年在某个品牌做培训师的时候,必须穿西装、打领带、穿深色皮鞋、深色袜子讲课。夏天的时候也得这么穿。这是我当年作为一个新讲师的要求和规范,因为你要显示品牌的一种形象,要让客户觉得你很尊重他。

当一个人积攒了足够的性格信用时,才能够说出一些让别人觉得不一样的话,才能够去挑战过去固有的规则。

卡门·梅迪纳在被排挤到了边缘部门后,努力做好自己的本职工作,让自己升职,并慢慢寻找同盟军,为她所要实现的目标提供最需要的支持。

这里还有一个心理学效应,著名心理学家罗伯特·扎乔克把它称为"纯粹接触效应"。大意是当你对一件事听了一遍又一遍的时候,没有改变任何外在因素,只是因为听得足够多了,你就会逐渐对它产生好感。

卡门·梅迪纳第一次提自己的想法，和后来经常性地推进这件事情，对方心中的感受是不同的。电影《肖申克的救赎》也是如此，男主角每天给州长写信申请建图书馆的建设资金。起初，对方根本不理他，他就接着写，一直写到对方同意为止。

在樊登读书会推广的过程中，这个效应太重要了，大批会员讲他们的心路历程，基本上都是来自接触效应。我们的会员会给他们的朋友介绍樊登读书会，很多人不用。但是，当他们的朋友听了10次"樊登读书会"这个名字的时候，就开始想了解，一了解便逐渐加入了进来。

在一个组织中，当你的建议不被组织接纳的时候，有4个维度的结果：改变、不改变、对组织有利、对组织不利。

第一种：不改变但是对组织不利。当你有一个好的想法，但大家不采纳时，你就放弃了，或者辞职。

第二种：从有利的角度来看，你提了建议，大家不听，你就继续忠诚地工作，这是维持现状，但是有利。

第三种：对组织有利，同时也发生改变。对一个组织来讲，想改变最有效的方法一定是发声。只有想办法发声才能改变，同时对组织有利。

一个创新者有了创新的想法后，要让更多人了解这些想法。大家了解的时间久了，随着他职位的上升，当他获得了大家足够的尊重，也得到了性格信用的时候，他所提出的创新想法就会有人接纳了。

创新的时机选择

创新的推动需要一点儿耐心。19世纪40年代，匈牙利医生依格南兹·塞麦尔维斯发现让医生洗手可以大大降低分娩过程中的死亡率，但他被同事嘲笑，最后在疗养院郁郁而终。20年后，直到巴斯德和科赫奠定了细菌理论的基础，塞麦尔维斯的想法才得到科学界的认可。

创新的时机选择就涉及拖延症这个问题。对此，作者写到了历史中的著名案例。

马丁·路德·金当年做演讲的时候，主题并不是 *I Have A Dream*（《我有一个梦想》）。马丁·路德·金写的演讲稿改了又改，他在等待上场的时间里还在涂涂改改，甚至有人觉得似乎直到他走到讲台时，他还一直在修改他的演讲稿。有趣的是，当马丁·路德·金开始演讲的时候，前半段还是按照他原本准备的稿子在演讲。他最喜爱的福音歌手马哈丽亚·杰克逊在他身后喊道："告诉他们那个梦想，马丁！"马丁·路德·金不为所动，还继续按照演讲稿进行演讲，身后的人再次鼓励他。于是，面对着现场25万名听众，以及数百万在电视机前收看的观众，马丁·路德·金把原来的演讲稿放到一边，开始了即兴演讲，发表了他对未来的憧憬，振奋人心。

在美国历史上，可能只有一次演讲同马丁·路德·金的演讲一样著名——林肯的葛底斯堡演说。短短272个单词中，林肯将内战重新定义为《独立宣言》承诺的对自由和平等的追求。直到演讲的前夜，林肯才最终写下结尾。演讲当日，他才最终定稿。

达·芬奇花了大概15年的时间构思《最后的晚餐》这部作品。最初的草图是主人公们坐在长椅上，十几年后，它发展成了最终名画里长桌边并排而坐的13个人。其间，达·芬奇也经常为自己的拖延感到恼火。

这些拖延的人反倒容易成为伟大的人，这里有一个有意思的理论：每一个创新，市场上都有开拓者和定居者。开拓者的潜台词是：这事没人开始，我跳出来先开始。定居者就是看别人开了个好头，自己慢慢跟着来定居的。

家庭视频游戏机的先驱是1972年马格纳沃克斯公司发行的奥德赛游戏机……定居型企业任天堂游戏公司于1975年收购了奥德赛在日本的发行权，在接下来的10年中，任天堂研发了原创的任天堂娱乐系统……这给马格纳沃克斯公司带来沉重的打击。任天堂对游戏进行改变，改用操作方便的控制器，增加复杂的人物角色以及交互式角色扮演的功能。成为创新者并不需要是第一个行动的人。它只是需要有所不同，有所突破。

在移动互联网的世界里，我们都知道 Facebook。Friendster 是全球首家社交网站，还有一个叫 MySpace。

Facebook 在 2004 年推出时，耐心地了解用户的偏好，还因为看到 MySpace 中的广告混乱无序，从而选择与广告商合作，制定了有条理、有针对性、人性化的广告策略。

美国文化强调先发优势。但事实上，先发优势会带来特别多的先发成本，有很大的风险，陷在哪一步，自己都看不清。而后发的人可以慢慢跟随先发的人，绕过弯路，减少风险，降低成本。

对个人来说，创新时机的选择也很重要。

成名有早晚，爱因斯坦、詹姆斯·沃森、王勃、李白都是非常年轻就成名了，而像希区柯克、陈忠实、达·芬奇、马克·吐温这样的人，都是很晚才成名。

那到底是成名要趁早呢，还是要大器晚成？这是有理论依据的。

在做了大量研究之后，作者发现，我们的发现和发明分两类：一类叫作"概念型"，另一类叫作"实验型"。

概念型创新者想出一个伟大的创意，并着手执行；实验型创新者通过反复尝试来解决问题，在探索的过程中学习和不断变化。

你可以把它们理解为理论型和应用型。要想在理论的层面有所突破，那一定得年轻、聪明，二三十岁就要实现目标，但如果要在应用的层面做出成果来，到了五六十岁才是人的黄金期。

对于创新的时机选择，我们也会发现，未必越早越好。你是在做前沿的东西，进行理论上的探索，还是在做一些应用性的东西，这决定着到底是早一点儿好，还是晚一点儿好。

这对我个人来说也有所启发，我很想写小说，我想了一下，觉得对我来说，还是晚点儿写比较好，这样人生的阅历更丰富，把自己的一生浓缩起来，能成就一部耐看的作品。

创新者还需要获得同盟者的支持，尤其是颠覆性创新者，要学会一招，叫作"温和的激进主义"。书中有一个非常精彩的案例：2011年，有一个叫梅雷迪思·佩里的女孩开始思考手机和电脑都得连上线才能充电，那有没有可能实现无线充电？

她发现有一种装置可以将物理振动转化成能量，她意识到声音可以通过空气振动传播，那是否可以用无形无声的超声波使空气产生振动，并将振动转化为无须电线的电能呢？

这是特别离经叛道、特别大胆的一件事，她对很多专业人士谈起这件事。所有专业人士都说，这是在浪费时间。

她没有放弃，这个想法不久后在一个发明竞赛中获奖了，但是她当时只有概念，没有运作的模型。3年后，她得到了一笔75万美元的支持。她面临最难的问题，就是如何打消潜在受益者的怀疑。

佩里想到一个大胆的方法，她干脆不再告诉专家她试图创造什么，而是只提供自己想要的技术规格。

这个方法奏效了，她成功地说服两位声学专家设计了一个发射器，另一个专家设计了一个接收器，还有一位电气工程师构造电子装置。最后，她令一个之前持怀疑态度的首席技术官说："可恶，这居然行得通！"

要想成功，创新者在多数情况下必须变成温和的激进分子。他们心中有与传统背道而驰的价值观和不同的想法，但他们可以采用不那么令人震惊、更吸引主流观众的方式陈述他们的信念和想法，从而淡化他们想法的激进程度。

我觉得这一招在寻找同盟军的时候非常有效，不要一开始就把大家吓着了。

我开始做樊登读书会的时候，没有给大家画大饼，我只是说："我如果给你们发50本书的摘要的电子邮件，你们是否愿意花300块钱来买？"这就是我们迈出的第一步，这就是温和的激进主义，然后慢慢地发展到有App和分会。

如果我一开始就讲帮助中国3亿人养成阅读习惯，可能很多人会被吓到，说太难了。但是，我们慢慢来，先做自己能做的事。

还有，盟友最好不是自己的朋友，而是敌人。与敌人结盟好过与友敌结盟。友敌的意思是，虽然是你的朋友，但他又会反对你，两个人之间的关系总是非常矛盾，这种矛盾的关系是非常难以转化的。而反过来，通过沟通，敌人有时候反倒更容易转化。最好的盟友并不是一直支持我们的人，而是那些一开始反对我们，然后转向支持我们的人。

这里有一个有意思的心理学现象，著名心理学家埃利奥特·阿伦森进行的一系列实验表明：比起那些一直都喜欢我们的人，我们更喜欢逐渐喜欢上我们的人；比起一直喜欢我们的人，我们会觉得那些起初不喜欢我们，但后来逐渐喜欢我们的人更有价值。

创新者的养成

究竟怎样才能培养出一个优秀的创新者？这竟然跟父母对我们的培养有关。书中讲了一个关于盗垒的例子。

先介绍一下盗垒，它是棒球运动中最危险的动作。虽然它使球队得分的概率增加不到3%，但是要成功地做到这一点，盗垒者需要滑到垒板，这意味着要与垒手发生痛苦的身体冲撞。从本质上讲，盗垒者要跑得比球还快。即使认为自己可以盗垒，也要面对增加2倍的受伤概率。

为了确定为什么有些棒球选手比别人盗更多的垒，人格研究专家弗兰克·萨洛韦和心理学家理查德·兹维根哈夫特做了一项非常巧妙的研究。他们选定了400多位从事职业棒球的亲兄弟——他们有着一样的DNA和相似的成长环境。两个专家的研究结果揭示了一个惊人的事实：出生顺序预示着哪个兄弟会盗更多的垒——弟弟盗垒的次数是哥哥的10.6倍。

后出生的孩子比老大更具有创新精神，研究的结果有以下几种可能。

第一种可能是后出生的孩子如果不创新的话，他在家里就没有地位，因为那个最稳妥的位置被老大占据了。

老大喜欢做一切最稳妥的事，所有的优势都在他那儿，所以老大也会很成功，但是老大往往是在做传统的生意、传统的行业、传统的工作。

第二个可能是后出生的孩子获得了更多的安全感，因为他不但有父母保护，还有哥哥保护，他敢于去做很多冒险的事。他没有那么大的养家糊口的压力，因此更容易做创新的事。

第三个可能是父母在带老大的时候通常不太会带，在老大身上把所有错误的教育方式都尝试过了。

举个例子来说，有一对父母刚生老大的时候没经验，生第二个孩子的时候，他们加入了樊登读书会，参考了很多正确的方法来教育孩子。

比如，管孩子的时候，要强调的是价值观，而不是规则。不许干这个，不许干那个，把手洗干净……这些规则定得越多，这个孩子做事就越本分老实、束手束脚。而父母说"你知道为什么要洗手吗？因为健康很重要"，就是在强调价值观。

孩子依据稳定的价值观做事，才能够有更多创新的空间。温柔但有边界就是这个道理。价值观就是边界，但我们是在很温柔地做事，因此我们没有限制孩子，没有说"你只能做什么，你不能做什么"。

又如，表扬一个孩子的时候，要学会赞扬他的人格，而不是事情。我们要求一个人不要做什么事的时候，也要说"你不要成为一个骗子"，而不是"你不要骗人"。"你不要成为一个骗子"比"你不要骗人"对对方的约束力会更强，因为那是关于人格的范畴。

这正是这本书我觉得最有趣的地方，它有一种交叉性，从创新的话题延伸到了创新者的培养，贯穿了我一向讲书涉及的事业、家庭、心灵这3个层面。

推荐《离经叛道》的人很多，给他写序的人是谢丽尔·桑德伯格——《向前一步》的作者。她认为亚当·格兰特本人就是一个离经叛道者，是一位杰出的研究者。《异类》的作者马尔科姆·格拉德威尔说，亚当·格兰特是他喜欢的思想家。

这本书最后有一个建议，我觉得必须分享出来：在一个组织中，就算别人提的意见是错误的，也是有用的。

我原来在企业里做培训的时候，有一个培训师说，他在外企工作时，一个员工找老板提出一个问题，老板说"好，咱们这样解决"。这个人第二次又来找老板，说还有一个问题，和老板一起商量应该怎么办，又解决了。这个人第三次去问老板，又是一个新问题，问该怎么办。老板就停下来，跟他说，当一个人总是提问而不给出答案的时候，他就会成为问题的一部分。

你听这句话多有威胁性，提问的人就会成为问题的一部分！他用这个案例来告诉大家，要在组织里做那个尽量负责任的人、那个努力解决问题的人，而不是只做发现问题的人。

从这个角度理解是没错的，但同时，员工总跟老板提问题，老板要求员工必须带着答案来的时候，导致的结果就是当这个人只有问题而没有答案的时候，他就什么都不说了，因为他觉得只要一说，问题就变成自己的事了。慢慢地，大家就都不说了，这才是更危险的。

对一个组织来说，要想识别和鼓励创新的话，领导应该鼓励员工，就算是没有答案的问题也要提出来，能够提出问题的这个人本身就具有价值。这是培养离经叛道者一个非常重要的前提，我们需要颠覆性的创新。

此外，我对未来的孩子非常有信心，我觉得他们所受的教育跟我们小时候是完全不一样的。我们小时候，很多安全感都被破坏了，我们的孩子不是这样，尤其是我们读书会会员的孩子。他们的父母如此热爱学习，他们一定会成为能够为改变这个世界而创新的人。

Reading for a lifetime

《你要如何衡量你的人生》：正确的思维方法比答案更重要

我的一个同事看到一本书的名字后特别生气，这本书名叫《你要如何衡量你的人生》。他说，怎么有人敢指导别人该怎样衡量自己的人生呢？

第一次看到这个书名的时候，我也觉得奇怪，但当我耐心地阅读这本书的时候，才读到一半，我就觉得特别棒！看来有些东西不能通过标题来判断，正如《如何阅读一本书》也是一本很好的书一样，所以人们要减少自己对事物的预判和推理，读完才知道它到底好不好。

这本书其中的一位作者是克莱顿·克里斯坦森，他写过一本风靡全球的名著，叫作《创新者的窘境》。

《创新者的窘境》指导了中国互联网的事业，中国一大批互联网行业的企业家在很多场合都提到过这本书。《创新者的窘境》也影响到了美国的互联网发展，它告诉我们，所有颠覆性的创新都不是由行业前三名开展的，因为它们有太多的沉没成本。

克里斯坦森作为一个研究创新的人，怎么会突然写一本关于人生的书？因为2010年他被诊断患有癌症，他想给哈佛大学的学生留下一些东西，于是他用自己掌握的所有商业知识来分析人生。他发现自己掌握的商业知识，在研究人生的领域同样适用。

有意思的是，他总是先讲一个商业案例，通过这个商业案例，再讲一个商业原理，通过这个商业原理告诉你，人生该如何选择。

原理能提前向你描述行为的后果

他把人生分成三块，就是如果你希望自己的人生幸福，第一块要有成功的事业，第二块要有良好的家庭和朋友的系统，第三块要保持正直。有很多人有事业、朋友和家人，但他犯罪了，一次小小的犯罪就可能导致所有东西都没有了。只要在这三方面保持成功，你就会拥有幸福的人生。

开篇序章的名字特别有趣，叫《能飞是因为有羽毛吗》。用这样的名字作序言标题，是什么意思呢？就是当我们看到鸟在飞的时候，很多人会想如果人类拥有羽毛，是不是也可以飞？很多人真的尝试了，但是飞不起来，原因是他们并没有掌握鸟能飞的真正原理。这就是原理的重要性。

我们不能只看表象，要会看原理。原理到底有多重要呢？克里斯坦森是大学教授，有一天，他接到了当时英特尔总裁安迪·格鲁夫的电话。他邀请克里斯坦森到英特尔为大家讲讲怎样创新，因为他看过克里斯坦森早期关于破坏性创新的学术论文。克里斯坦森飞到硅谷，格鲁夫说："我们只能给你10分钟时间，请告诉我们，你的研究对英特尔公司意味着什么，怎样才能帮助我们公司。"

克里斯坦森马上回答："我做不到，我对英特尔公司的情况一点儿也不了解。我唯一能做的就是向你们解释理论……"

克里斯坦森刚讲到10分钟时，格鲁夫就不耐烦地打断了他，说："你只要告诉我这对英特尔意味着什么就好了。"

克里斯坦森说："我还是做不到。"他按照自己的逻辑继续讲下去。

格鲁夫听完就说："我明白你的理论对英特尔公司意味着什么了……"并清晰地讲述了英特尔公司接下来的一个市场策略。

这就是原理的重要性。

还有一次，克里斯坦森接到了威廉·科恩的电话，科恩是克林顿政府时期的国防部部长。

克里斯坦森走进国防部会议室时，发现参谋长联席会议成员全部坐在最前排，而后依次坐着陆军、海军、空军总司令。克里斯坦森还是从原理讲起，听的人对理论很感兴趣，并和他一起讨论了未来的战略。

在克里斯坦森看来，一个教授可以不知道怎样做英特尔、怎样做国防，但是他懂原理。原理可以帮助人们进行归类和解释，最重要的是帮助人们做出预测。一个人一定不希望经历多次婚姻才学会怎样做一个好配偶，或者等自己的孩子都为人父/母了，才学会怎样做好父亲/母亲。这就是原理的价值——它能解释将要发生什么，甚至在我们亲身经历之前就告诉我们将要发生什么。

确保事业成功的战略与配置

书的第一部分讲的是，如何确定你是否获得了事业的成功。

我们先来理解战略。

战略是由两部分构成的。

第一部分是你的目标，战略不仅仅是目标，还必须得有目标。

第二部分就是你将如何实现这个目标。

把二者结合起来，这才叫战略。

还要注意的一个重点是，战略需要和你说的保持一致。

关于目标，人们希望拥有一份真正激发自我动力的工作。这是人们渴望的，但是很多人没有这么做。比如，哈佛大学的很多同学入学的时候，有的人的理想是通过教育解决世界上最令人头痛的问题，有的人则希望成为企业家，拥有自己的生意。但是毕业的时候，大家都跑去赚钱了。当时的借口是："只要两年时间，等我还了贷款，经济条件好起来，我就去追逐我的梦想。"没想到追逐梦想的时间却变得遥遥无期，很多年后，这些人还在做那些他们认为不得做的事，根本没有做那些他们真正想做的事，因为从一开始，他们选择的目标，就不是能够给他们带来内在动力、能够激励他们的目标。

这使我想到了孔子和墨子的区别。我们可以设计这样一个场景来感受一下他们的不同。比如，大家一起听音乐，墨子就问，为什么要听音乐？儒家的人回答："音乐好听、很美。"墨子接着问："我问你为什么要听音乐，是要你告诉我听音乐有什么好处。比如，为什么要有这座房子？因为这座房子能住。音乐到底有什么好处呢？"

这样的提问会让人觉得少了一点儿可爱。如果一个人上班，只是为了养活自己，那上班这件事还有趣吗？它就被这个人从人生中割裂出来了，变成了一个不得已而去做的事，人生会变得特别苍白。

克里斯坦森引进了动因理论来解释内在动力的重要性。与动因理论相对的是激励理论。有人认为激励很重要，但有时并非如此。举个例子来说，给两组小孩玩拼图，一组小孩可以自由地玩，另一组小孩，只要拼出来一幅，就给他奖励1美元。到了下午3点，老师说好，结束了。给1美元的那组，一说结束转身就走了，就不玩了，那边没有给过钱的小孩却一直在玩，他们觉得很有意思。

比激励理论更重要的，是动因理论。动因理论在乎的是一个人做事情有没有发自内心的渴望。

哪些东西会给人们带来发自内心的渴望？赫茨伯格指出"动力因素"包括以下4个方面。

第一，有挑战性。你需要做一些具有挑战性的事，它们会给你带来动力。

第二，获得认可。你在工作、学习中，能够获得社会给你的正向反馈，让你觉得很有成就感。

第三，责任感。你觉得自己应该做这样的事，做这样的事是对的。

第四，个人成长。做这件事的时候，你能够实现个人的成长。

我运用这个理论分析了一下自己。

我做樊登读书会的动力是持续的，读书是有挑战性的，工作需要我读很多很多书，书读完还要能讲出来，我还想把每本书尽量讲到最好。

读书可以获得责任感，我觉得帮助身边更多人摆脱痛苦是一件很有意义的事。

我收到很多书友给我的反馈，例如大家提到了读书会帮他们真正亲近图书，因为我很注意把书背后的东西讲出来，能够将不同作者的观点融会贯通……

读书会如果能一直做下去，受益最大的人肯定是我，我个人得到了成长，这完全符合我内心的追求。

做樊登读书会是让我感觉很幸福的一件事。《你要如何衡量你的人生》里有这样一句话："找到你喜爱的工作，你会觉得这一生没有一天在工作。"

这话多棒！有时候，为了到处演讲，我会连续6天跑6个城市。家人心疼，觉得我太辛苦。我自己没觉得辛苦：下午演讲，上午可以睡到自然醒，醒了之后就能看到欢迎我的人，分享我得到的知识和感受。大家还能一起合影留念，再期待去见下一个城市的朋友们。如果时间合适，我还能在一个城市里到处转转，感受一下这个城市的魅力。这听起来多么像玩儿。

我想，如果每个人都能找到一份可以给自己带来内在动力的工作，就会知道工作其实是很好的游戏。

关于如何实现目标，我想起这样一件事。

我在做读书会的时候，有朋友提醒我："樊老师，其实你可以转向做艺术，咱们来做艺术品投资。"那要不要做呢？我们不能简单地回答做或是不做。

人生其实是由很多偶然构成的。我原本是一个电视台的主持人，后来有一天，我参加了一个师妹的婚礼，我们西安交通大学的一群人坐在一起，我旁边坐的一个小兄弟是IBM的员工。他说他们有一门课程，是IBM最棒的一门课程，进入中国了，现在在招讲师。我顺口问了一句："那我能讲吗？"他说我可以试一下，我就去报名了。

我当时是抱着免费学一下这门课程的态度跑去一试的，竟然真成了一名讲师，随后又成为当时最受欢迎的讲师。然后给海尔讲课，给华为讲课，到商学院讲课。我的职业生涯，从一个不太情愿做的主持人变成了一个特别情愿去做的讲师。

做读书会，是因为有好多学生跟我抱怨说读不进去书，我从大家的痛点入手，起了一个念头：我能不能把这些书的精华部分写出来给他们看呢？我就把摘要写出来给他们看，后来演变成讲给大家听，这就是由偶然的事件引发的。

如果没有这些偶然事件，我的人生可能也不会走上现在的道路。那到底哪些机会该抓住，哪些机会不该抓住呢？这是一个很难回答的问题。我们需要学习一个理论，叫作"驱动计划理论"。

从事某项工作前，认真列出哪些事是需要别人提供帮助的，以便能完全达到预期。明白这一条很重要：能帮你做这些关键事情的人是不是需要牺牲自己的利益来帮你呢？换句话说，是不是要先假设那些能帮助你完成这项工作的人都是无私的呢？同样重要的事是问问你自己："哪些假设条件需要被验证是真实的，我才会对做出的选择感到满意？我做决策是根据外在的还是内在的动因？为什么我认为这会是自己喜欢的呢？我有什么证据来证明吗？"

这段话其实很重要，就是在你做一个决策之前，要问一下自己要想获得成功需要满足哪些前提。如果这些前提里有一项是虚假的，那么就成功不了。

有一些传销的案例，他们的模式简直让你觉得天衣无缝，比如说消费返点。他们号称找到了一种模式，只要有人消费，商家就会给平台交一笔钱。这笔钱一半给平台，一半返给消费的人。这样，你每消费一次，账户上就会多一些钱，你可以留着养老，也可以通过消费来赚钱。那么，商家为什么愿意这么做？因为商家愿意拿钱来推广。这样的模式肯定有很多人愿意参与。如果你觉得不错，那么你是否愿意做省代理？如果你再把各个市级代理的资格卖出去，你就一本万利了。

这到底是不是个机会？我有朋友非要做这个生意，我生拉硬拽也拽不住，后来他投入的所有钱都没有回来。

这里有什么前提是做不到的？商家的利润很薄，即使是1%的手续费，他们都会肉疼。加入这个平台，让商家拿出10%的费用，他们为什么愿意？如果你说你有客户，所以商家要来推广，可是商家没有给你好处的时候，你的客户是哪里来的？

这样马上就陷入"先有鸡还是先有蛋"的矛盾中，这完全是空手套白狼的故事。一开始，能投入其中的商家所推销的产品并不是特别大牌的。只要过一段时间，你就能发现，人们想买的化妆品是需要大牌保证的，可是大牌根本不参加这样的活动。

所以，最后人群没有了，商家也没有了，这是因为开始的前提就是虚假的。这也是不能把这个模式当作一个机会的原因。

当你遇到很多诱惑，思考一件事要不要做的时候，你要问自己："这需要哪些前提才能够实现，这些前提通过我的努力能不能完成？"

你的战略还需要和你的执行配合。书中举了一个例子：

美国有一家公司生产手提式超声波诊断仪，他们的手提式产品，一种是笔记本型，一种是掌上型。公司的战略是想力推掌上型超声仪。

公司的总裁想了解客户对这种新型、小巧的产品有何反应，于是就主动和业绩最好的销售员一起去拜访客户。这次拜访给了总裁一个重要的教训。销售人员一直在推笔记本型超声仪，总裁在旁边催促他讲讲掌上型。销售人员就跟没听见总裁的话一样，还是继续讲笔记本型超声仪的好处。总裁等了几分钟，坚持说："把那个掌上超声仪从你包里拿出来！"结果，这个销售员又一次忽略了他。

这是为什么呢？销售人员的薪水来自提成，销售笔记本型超声仪的提成比销售掌上型的要高得多。公司战略层面表明要做掌上型，可执行层面根本就没有相应的支持，这就是一个错位激励：公司目标和激励措施根本不匹配。

这种自我矛盾的现象在克里斯坦森的研究中被命名为"创新者的窘境"。

书中还举了一个例子，美国一系列的社会保障、医疗保险等福利计划正在把美国推向悬崖边。可是，它无法改变这些福利计划，因为美国众议院每两年进行一次竞选连任，这些国会议员都深信要拯救美国，只有个人连任才能发挥主导作用。但是，没有哪个议员会从自己的口袋里拿出解决方案，因为这么多人从福利计划中受益，谁要减少福利，选民就会把这个人赶下台。

在生活中有很多这样的例子，你知道自己该做这样的事情，但是根本没有为这件事情投入足够的时间和精力。

这让我想到了乔布斯。乔布斯离开苹果的日子里，苹果是另一番景象，自乔布斯回来以后，他对自己要投入做的产品是聚焦的。所有不在状态的人，他都严厉地与他们沟通，非要把每个人都拉回正轨。这是绝对的战略聚焦，他在战略上要做这件事，在时间资源、能力上也要分配足够的东西。

我们的人生，有没有给自己要做的事做好足够的配置？你认为你的人生中家庭很重要，那么你对家庭花时间了没有？

对我来说，读书会在我的人生中越来越重要了。有一天，我做了一个决定，暂时把所有讲内训的课程都停了。一天之内，我拒绝了很多高价格的课程，但这没有让我动摇。要想做战略聚焦的事就得把一些事推开不做，才能拿出更多的时间做自己认为真正有意义、有价值的事。

回顾一下以上关于战略的 3 个部分：第一是找到一个能够让自己动心的，能给自己带来内在激励的目标，这是动因理论；第二是面对取舍的时候，要用驱动计划理论，问自己这件事取得成功的前提存不存在，以此来决定要不要抓住这个机会；第三是一旦你确定了要做这件事，一定要分配给它足够的时间、精力和资源，才能保证把真正要做的事推进下去。

这 3 个部分与我们要做成的事业息息相关。

把心力交给你的家庭和朋友

人生中除了事业，家庭和朋友也同样重要。很多人认为家人和朋友一切都好的时候，可以先放一放，暂时不用投资。这不对，亲密关系其实是需要投入时间经营的。

克里斯坦森讲了一个案例——摩托罗拉当年做铱星电话。据说，这个系统能让地球上任何地方的人都通上电话，只要接进一个复杂的卫星系统就可以。

公司投资 60 亿美元，可是在接通第一个电话不到一年的时间里，就被迫承认失败并宣布破产了。为什么摩托罗拉会投入这么多钱去做这么疯狂的事呢？

深入研究创新理论的塔夫茨大学教授阿玛尔·毕海德提出了好钱坏钱理论。

在事业刚起步阶段，决策者或许还不知道公司的这一策略能否成功。如此一来，就可以用最少的资金找到一个可行的策略，不至于花了很多钱才知道走错了路。这就是好钱。

在所有成功的企业中，有 93% 都必须改变最初的策略，因此在最初策略上投注的资金越多、越快，就越容易把一家企业推到悬崖边上。大企业烧钱的速度比小企业快很多，应变能力也比较差，这就是摩托罗拉付出惨痛代价学到的一课。这就是坏钱。

还有一个案例：本田公司成功地打入美国摩托车行业。本田早期在财务上很紧张，几乎没有选择的余地，只能把重点放在"超级幼兽"这种小型摩托车上，本田的投资被迫遵循了好钱理论。

一个缺钱的公司反倒能够把一个好战略做起来，原因是它没钱。在没钱的时候，它做任何事所考虑的都是怎么做是对的，怎样才能赚钱。有钱的公司甚至不考虑怎样做是对的，只考虑这件事是不是按计划在做，这就是大公司病。

也许有读者会问："这和我们经营家庭有什么关系？"事实上，这就是我们在生活中忽略了好钱和坏钱理论中的因果机制。

人们经常会忽略对家庭的投资，原因是家人对你的信任很容易被你挥霍。很多人对家庭投入的时间是最少的，原因是家人不喊、不闹、不要求。家人知道你忙，可以理解你，但你跟家人的关系变得越来越远，会出现很多裂痕。一个家庭里既有感情，又有伤害，这跟好钱坏钱理论是一样的。

你在办公室随便得罪一个人，你们吵架，很多人可能会批评和议论你，因为你与别人之间没有那么多的关系，没有那么多感情。公司里的人敢要求你变好，让你学会沟通和倾听。这反倒让你在公司里投入了很多精力，变得很通情达理。我们要反思一下，我们到底在家人身上投资了些什么？

书中引用了托德·莱斯利和贝蒂·哈特的研究：获得认知优势的关键在于

"语言舞蹈"——它与父母的收入、种族特征、受教育程度没有关系。"语言舞蹈"的意思是一边闲聊,一边评论孩子正在做的事情,也评论大人正在做的或计划要做的事情。

当父母热衷于多和孩子说话时,孩子的大脑将受到更多锻炼。这件事情是非常重要的,因为在出生的头3年里,能够听到4800万个单词的孩子,不仅比那些听过1300万个单词的孩子在大脑里多3.7倍良好润滑的连接,还能够促使细胞呈指数倍增长。也就是说,接触大量谈话的孩子几乎拥有了不可估量的认知优势。

在美国,有些穷人跟孩子说很多话,他们孩子的表现就会真的很棒。有些富裕的商业人士很少与孩子说话,把孩子交给保姆,他们孩子的表现就很糟糕……

我见过很多悲惨的例子,有些父母很忙,就把孩子扔给老人。老人没有那么多精力说话,孩子就不说话。老人只是关心孩子的基本要求,孩子的大脑里突触之间的通路就会少,造成孩子发育迟缓,以及情感上的迟滞。

你最应该投资的地方是你的家,应该给家里投入足够的时间和精力。

克里斯坦森讲到他曾与一些朋友为一家大型速食快餐店做一个项目。他们让顾客填写消费者情况调查表,向顾客提问:"能告诉我们要怎样改进奶昔,你才会买再多些呢?你想要这款奶昔再便宜点吗?再多点巧克力味吗?还是要再大块点呢?"

这家公司收到所有的反馈信息后,开始改进工作,奶昔是越做越好了,但销量和利润都没有增长。

克里斯坦森参与这个项目后,提了一个完全不同角度的问题:"人们为什么要'雇用'奶昔?"

通过观察、记录,他们发现,原来所有顾客每天一大早都有同样的事要做:他们要开很久的车去上班,大约2小时后,还没到午餐时间,就会很饿,所以有奶昔相伴,胜过把双手弄得黏糊糊的面包圈。还有人说:"有一次,我'雇用'了士力架巧克力,但是早餐吃巧克力让我感到很不安。"看来,奶昔无可替代。

一个家庭成员，在家里是被"雇"来做什么的？老公到底要做什么？很多男人在这件事上产生了误解，觉得只是要养家糊口。一个女人找到一个男人，她的目标绝不仅仅是为了钱。为了钱，她还不如买理财产品更可靠，她需要的是交流、谈话、关心，情感支撑、理解、包容，共同面对生活中的不确定性，解决孩子各种各样的问题，一块儿参加家长会……这才是"雇用"男人做老公最重要的原因。每个人都是那杯要完成独特使命的奶昔，从这个理论延伸出来，我们要好好地思考一下，我们在家里到底扮演的是什么样的角色。

克里斯坦森讲了戴尔的案例。

戴尔成功的原因之一，是有一家来自中国台湾地区出色的零部件供应商——华硕。

华硕开始时只向戴尔供应简单而可靠的电路。后来，华硕又提出："我们为你们提供的电路表现良好，电脑的主板也由我们来提供吧！"

戴尔同意了。

后来，华硕又建议戴尔："我们在主板生产中表现这么良好，为什么不让我们帮你们组装电脑呢？"

戴尔再次同意。这个过程并没有停止，戴尔又继续将其供应链的管理及电脑的设计外包出去。至此，除品牌之外，戴尔将所有个人电脑业务都外包给了华硕。

戴尔逐渐因为外包而使自己走上了平庸之路。戴尔逐渐不生产电脑了，也不再为人们服务，仅仅是允许华硕将"戴尔"的商标贴在机器上而已。

克里斯坦森用这个案例告诉我们外包是有风险的。

在家庭中，很多人把很多事都外包了：把孩子的教育外包出去，找各种学习机构，孩子出了任何问题都找专家，全部交给别人。

其实，你永远都要记住一件事，父母是最重要的，任何人都不能够替代。不要太依赖早教班，孩子只需要跟父母在一起，大脑成长就很快。他能够学到很多东西，能够有安全感，能够感受到亲密关系。

教育一个孩子，有哪些事是我们必须要做到的？孩子的成长过程中有3样东西最重要，克里斯坦森认为"资源、应用流程和价值取向"模型能帮我们评估孩子的成长。

"资源"是一个人所要利用的东西。

"应用流程"是他做事的方式。

"价值取向"是他做某件事的动机。

这是商业的说法，孔夫子说："视其所以，观其所由，察其所安。人焉廋哉？人焉廋哉？"大概意思是，看一个人，要看他做事的价值取向是通过什么途径来完成的，处理问题的程序和方法是什么，他拥有的资源是什么。只要你把这3个方面弄清楚，这个人就"藏"不住了，被你看明白了。

孔子在2000多年前讲的这三句话，就是我们现在讲的"资源""应用流程""价值取向"。

有一句话我觉得特别好："孩子去上学，不是他们要完成的事。孩子们需要做的基本工作有两项，第一项是获得成功的感觉，第二项是每天都会有朋友，这才是孩子上学的主要原因。"如果我们不让孩子在学习的过程中感受到快乐，孩子就容易误入歧途。有的孩子为什么要参加一些不健康的组织？他从中所得到的就是两样东西：一个是团队，另一个是成就感。

克里斯坦森讲到他的一个朋友。他的这位朋友和妻子经营着很棒的家庭，他们的5个孩子各不相同，但他们在自己的行业中都取得了成功。这位朋友在养育了5个孩子后，悟到一件非常重要的事，就是"孩子只有在自己准备学习的时候才能学到东西，而不是在我们准备好教导他的时候"。要等到孩子想学习的时候，父母就应该对孩子有足够多的时间陪伴。

孩子在需要知识、需要成长的时候，不要害怕孩子犯错。孩子犯错其实是最好的学习机会。在孩子犯错的时候，父母应该表达的是关爱和理解，这是建立友好关系的好机会。一旦你对孩子表现得友好、理解、关心、同仇敌忾，他就能够从这个错误中找到更多可以改进的地方，这叫"吃一堑，长一智"。

我的孩子嘟嘟在3岁的时候，我给他说了"吃一堑，长一智"的含义。他现在自己犯错的时候，都会主动说，"下次不会再这么做了，这叫'吃一堑，长一智'"。

这是孩子自己愿意去改变的，因为父母对他表现出了同理心和关爱。

另一个机会是孩子做对事的时候，此时是帮他固定正确行为的好机会。这时候，你要告诉他，这样做是对的。这样，你才能够让孩子学会确立他的价值取向，学会利用他所掌握的资源，并且学会一定的应用流程。我们要让孩子自己去经历、去学习。

克里斯坦森上三年级的时候，他的牛仔裤破了，妈妈就教他怎样缝，然后就去忙自己的事情了。随后，他就坐下来把裤子缝好了。

尽管这些都是很小的事，但是他感觉很温馨。他说，一些父母可能不愿意让别人看到自己的小孩穿着这样的破衣服，因为那说明家庭拮据，但他想：我的母亲看的不是我的裤子，而是看我，她也许在想，儿子做到了。

父母给孩子的教育，绝不仅仅是帮他干任何一件事，还要创造机会锻炼他，让他自己去经历。如果父母错过了机会，就真的错过了。

家庭中还有一条重要的原理，那就是一只看不见的手——家庭文化。

这和企业文化的原理是相通的。企业文化绝不仅仅是贴在墙上的口号，只有当口号跟企业中大家的行为方式一致时，才叫有企业文化。

比如，亚马逊的企业文化是节俭。我去做过亚马逊中国区的节目，他们办公室里的书架全是用送书的纸箱子拼的，把纸箱粘起来做成一面墙的书架，只要结实能放东西就行。

还有一次，我去日本，看到一个人从车上下来后，开始以百米冲刺的速度往前跑。我当时吓坏了，以为出什么事情了。一问，原来他是一名快递员。有人告诉我，在日本送快递的人，只要穿上工装，就代表公司形象。如果跑得不够快，别人就会认为这家公司没效率、不敬业，以后就不可能选择这家公司了。日本很多快递员到40岁就转行了，因为跑不动了。

在一个家庭里，我们怎样构造我们的文化？孩子打碎了一个碗，通常是怎样处理的？父亲会不会大喊大叫？母亲会不会责怪孩子？还是父母会宽容地问："伤到手了没有？"这就是不同的文化。如果一个家庭的文化是父母总在抱怨孩子，那么孩子长大后，也有可能抱怨父母——"我不行都怪我爸妈不行"。

有的孩子有可能被管得实在太严了，他家的文化可能不够放松，所以他总是表现得小心翼翼。我们要让孩子有边界是没错的，但是温柔很重要，要让孩子感觉到安全感，这是一个家庭良好文化的方向。我们需要拿出时间来教育孩子，帮他塑造价值观。

100%的正直比98%的正直更容易实现

如何保持正直，克里斯坦森引用了边际成本的概念。

Netflix（奈飞）是美国很有名的一家租赁DVD的公司，它通过互联网邮寄租赁DVD。它的老牌竞争对手叫百视达，百视达的门店随处可见，百视达需要顾客借走DVD并按时归还。

2002年，Netflix展示出它的潜力。百视达的投资者开始感到紧张，他们将Netflix的财务数据和自己的进行对比后，得出了这样的结论："我们根本不需要为此担心，Netflix主打的市场比我们的小……""网上租赁服务只是一个小众市场。"

那么，谁才是正确的呢？

截至2011年第三个季度，Netflix已经拥有近2400万名顾客，那么百视达公司呢？它已经在2010年宣布破产了。

老牌的领先者永远不愿意做颠覆性的变革，它们只想做一些渐进性的变化。Netflix不是如此，传统的边际成本和边际收益理论并没有拖它的后腿。它评价一个机会的时候，不用考虑维持现有的门店和保持现有的利润率。它本来就没有店面，完全可以用邮寄的方法满足新客户的需求。

克里斯坦森讲到在实际的竞争中，边际成本的理论使得具有一定规模的企业继续使用它们已有的东西，结果就付出了比完全成本更高的代价。

这件事情跟我们保持正直有什么关系？

某件事"只做一次"的边际成本看起来是微不足道的，但是它的完全成本可能要高出很多。

当一个人一开始做一点小小的坏事时，会觉得问题不大，代价也很低。但是做一次之后，他就可能深陷其中，并最终为这个选择付出完全成本。

边际思考的方法是非常危险的，有些事不能做，就是坚决不能做的。有时候，你甚至需要放弃过去的那个成本，尽管如此，你也要去做正确的事。

克里斯坦森认为 100% 的坚持比 98% 的坚持更容易。

做一个遵纪守法的人，比那个说每周末只做一次错事的人坚守起来要容易得多。

克里斯坦森举了一个案例，他是校篮球队的队员，球队一年四季坚持训练，终于成功地打进了美国 NCAA 联赛的总决赛。

总决赛的日期是周日，他曾向上帝许诺不在星期天打球。他提前向教练说明了自己的情况，教练说："我不了解你的信仰，但我相信上帝会理解的。"队友们也都劝他。

这是他很艰难的选择，为了这次比赛，他和队友们（也是他的好朋友们）期待了整整一年。但他最后还是告诉教练，自己不能参加比赛。

也许在我们看来他很教条，但他认为，"在这个情有可原的情况下，破一次例是可以的"是一种诱惑，抵制这一诱惑是他人生中最重要的决定之一。

有的犯罪分子被抓了以后，说自己一开始就是犯了一点儿小罪，不然无法融入他所在的群体。"一点儿小罪"就是一个小小的口子，一旦放开，危险就会长驱直入，犯罪会成为一种习惯。所以，在人生中有些底线是坚决不能触碰的。保持正直，要做到 100%。

关于正直，每个人的心里都有一杆秤，法律只是规定你不能做的事，但人们的内心有对自己道德的要求。这个要求，远远高于法律的要求。什么是正直的事？良心知道答案。人内心的良知一直都在。即使是一个做贼的人，他作恶的时候脸不红心不跳，但你当面叫他贼，他也生气。

《你要如何衡量你的人生》是一本很有料的书，它并没有给我们一些教条式的规划，只是把一些原理讲活了。这就是一个教授恪尽职守的做法：我来告诉你原理，至于该怎么做，那是你的选择。

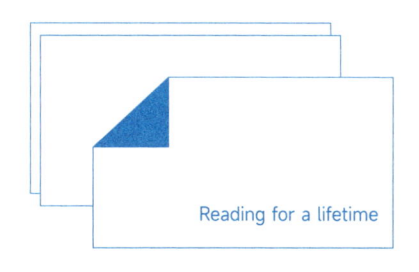

《少即是多》：找到你的小确幸

我们常常被生活裹挟着前行，是时候停下来思考了。《少即是多》的作者是日本作家本田直之，这本书不胜在文采，因为作者不是一个专业作家，有的观点缺乏有效论证。但是，这本书最打动我的一点是封面上的那句话——"从物质中获得幸福的时代已经结束"。

这句话真是振聋发聩。

本田直之身上有很多标签，他在一个美国国际管理研究生院获得了经营学硕士学位，他还是品酒师、世界遗产学会的会员、小型船舶的驾驶者。他曾在花旗银行工作过，还是一家上市公司的董事，并主导参加以企业家为主的铁人三项队伍。同时，他还是一位高产的作家，写过3本销量还不错的书——《杠杆思考术》《杠杆时间术》《杠杆阅读术》，累计印量达到200多万册。

本田直之按照他书中所讲的生活方式，组织着自己的生活，让自己变得特别丰富和有趣。他的观点很有意思，我尽量简练地给大家梳理一下内容，希望能对大家的生活有所帮助。

作者首先提出了一个问题：为什么日本越来越富裕，日本人却觉得越来越不幸福了？

根据盖洛普民意调查组织公布的 2010 年度调查报告，日本的幸福指数是全球第 81 位。雄踞前四位的无一不是北欧国家。

在北欧，各个国家的国民税金及社会保险金所占比几乎占到收入的六到七成，而日本国民的税务负担率才四成左右，其中的差别是什么？

简单的生活静水流深

本田直之造访了很多位于幸福指数排行榜前列的国家，他亲身感受过北欧的生活方式。这些地方的人生活简朴，却生活得很愉快。书中总结出最核心的一点是，现在这个时代，已经逐渐从加法时代变成减法时代了。

我们小时候所获得的每一次幸福的感觉，都来自我们得到了一个东西：想要一台电视机，如果家里买了电视机，我们就为此兴奋了；再过两周多的时间，我们想要一辆自行车，爸爸给我们买了自行车，我们又高兴了一两个月。想想看，即使是物质那么匮乏的时候，这样的物质增加，也没有给我们带来超过半年的快乐。很快，它会逐渐变成我们的心病和负担：自行车万一丢了怎么办呀……

现在的孩子想获得一个东西，只需要随便说一句，全家人就会想办法去满足他。

尤其是经济状况还不错的人，他获得一个想要的物品的时间太快了。比如，一个大学生没有钱，但他想要一部苹果手机，他甚至去卖肾。这当然是我们极力反对的方式，但是现在，我们的确可以很快地拥有自己想买的东西，我们拥有的东西也越来越多了。

当下能给我们带来幸福感的，是一些减法。你减少了一些事，会觉得一下子轻松了很多。有一段时间，我觉得自己书架上的书实在是太多了，很多书也不会再看了，就把那些书拿出来，从心灵方面、经济方面、养育孩子方面分门别类地整理好，然后每一摞拍一张照片，开始定价，发到微信朋友圈。结果是秒光，大家支付也很方便，我总共得到 500 多块钱。

我发快递，快递费花了 350 多块钱，等于卖了这么多书，最后挣了 150 块钱，但我心情很愉快，愉快是来自我书架上少了那么多书。我打算在节假日里，只要有空，就把我拥有的那些这辈子可能都不会再用到的东西进行断舍离。这样做会给生活带来喜悦，让我感觉集中了生活的目标，减少了一些束缚，也减少了一些不必要的欲望。

作者提供了两条重要建议。第一条建议是倡导双城生活。这和我们过去的别墅生活不同，别墅生活的概念是在城里有一套不错的房子，在郊外要有一栋豪宅，这栋豪宅是用来享受的。所以，很多人为了得到郊外的豪宅，这辈子就只为这件事努力了。

真正的双城生活是北欧人在城里有房子，用于工作和生活，一到周末，他们就跑到郊外去住了。他们在郊外有一处简单的房子，它不需要是豪宅，但可以彻底改变这个周末的生活方式。

我们中国人一般不太爱折腾，但是如果你愿意的话，可以设定一个双城生活：在城里有一套房子，在郊外长期租一个小农家院。花一些心思去设计它，这样生活方式就彻底改变了，你也可以拥有双城生活。

还有一条建议就是，要学会降低幸福的阈值，阈值的降低来自你不再被外在的事物所束缚。有时候，我们觉得别人很幸福，以为别人是拥有了某些东西才幸福。于是，我们也想拥有那些东西，这叫"消费传染病"。

我们一定要小心"消费传染病"对自己的控制。事实上，有很多别人所拥有的东西，我们根本就没必要拥有。我有很长一段时间都穿着樊登读书会的衣服，这让我减少了很多买衣服的烦恼。如果我们能够让自己幸福的阈值降低，不跟别人做过多比较，会有更多幸福感。

本田直之总结出了新幸福的10个标准，不是拥有豪宅和名车就叫幸福，而是一种新的幸福——北欧式的幸福方式：

一、享受工作；

二、有关系亲密的朋友和家人；

三、拥有稳定的经济来源；

四、身心健康；

五、拥有富于刺激性的兴趣和生活方式；

六、觉得自己拥有时间自由；

七、能够选择适合自己的居住环境；

八、具备有效的思维习惯；

九、能够放眼未来；

十、感觉自己正在向目标迈进。

18个改变生活的建议

怎样才能达到新幸福的10个标准？本田直之给出了18个改变的建议。

第一，从节约到选择简朴。

这是一个心态的转变，过去，我们经常会觉得应该节约，但实际上商业反而在刺激我们消费。过去提到节约，我们是一种特别痛苦的感受，就是不到万不得已，我们不花钱。现在我们提到的节约，是我们选择了一种简朴的生活方式。就是从"我必须节约"变成了"我选择了一种简朴的生活方式"。我选择骑自行车上班，从客观上讲是节约了，但我不是因为节约才选择骑自行车的，是因为我喜欢骑自行车，我选择了这种简单的生活方式。它不需要加油，立刻就能出发，想停车就能停车。同样地，我选择了穿简单的衣服，选择了吃素，选择了晚上少吃一点儿，不是因为我贫穷，而是我选择了一种新的生活方式。

第二，从拥有金钱变成拥有时间。

很多人都会努力赚钱，赚了钱后买套大房子，留给保姆住。保姆是享受大房子最多的人，雇主出去挣钱了，她就在家里边休息边看电视。为什么非得挣钱挣到自己最后病倒了，拿钱来救命？你的不安全感得有多严重才能这样。

一个内心真正有安全感的人，是不会玩命地靠挣钱来获得自己的安全感的。真正有安全感的人，会享受简朴的生活，甚至能够享受流浪的生活。我曾经采访过一个美国人，他就是来中国流浪的。他觉得相声特好玩，就来中国学打快板和说相声。他身上没什么钱，就在中国环游。他走入中国的农村，他说农村人见到外国人很稀罕，他就找到农村的家庭说，他能不能借宿几天。农村人家里房间多，他们给他住的地方，还给他提供食物。他接着再出发，到城市里。如果没钱了，他就在路边摆个摊，说一段快板或者单口相声。大家看着好玩，就给他钱。他用这样的方式，环游了整个中国。

和他聊天的时候，没有人会觉得是在跟一个乞丐聊天，或者是和一个无家可归的人聊天。他精神富足，爱开玩笑，把你当朋友。这就是一个精神上富足的人，他不需要靠房子带来安全感。

第三，从追逐地位提升到追求自由。

这是我很喜欢的一个观点，很多人为什么在大公司拼命努力，却还是做不成大事业？我和一个朋友在微信上交流，他说这是因为公司的层级制度，层级制度会把一个人束缚住。一步一步的层级，看似科学而合理，但就是这种东西把一个自由的灵魂束缚住了，人特别容易陷入对层级的追求中。

我见过很多退出商业社会的大老板，他们发现以前人们尊敬自己，几乎在一夜之间，他们就变成了被大家同情的人。当和他们聊天，听不到有智慧的观点时，我们会发现，他们此前的光环全是职位带来的，而一旦失去了这样的职位，他们就会黯然失色。

所以，真正带给我们安全感的东西，不是那个职位，不是某个标签。别人尊重我们，到底是因为我们自身，还是我们身上的标签，每个人都应该想清楚。为自己 60 岁以后做一些打算，因为人均寿命越来越长了，人们说不定能活到 120 岁呢。60 岁只不过是人生的前一半而已，后一半怎么过，也决定了我们整体人生的品质。

我们要学会从不断追求地位的提升，改变为追求自由和能力的提高。

第四，大企业不如自由职业。

过去，大企业是很好的，因为人类需要组织，才能够实现工业化生产，这需要大量的资本。但是现在，当互联网不断放大每个人的能力的时候，越来越多的个人在互联网上创造着一个又一个奇迹。

互联网时代，有魅力的个人突然之间爆红的可能性越来越大。这时候，你会发现，品牌是累积在自己身上的。你在不断地为自己积累品牌、人脉、粉丝和能力，而大企业的效率有的变得越来越低，大量的创新是由个体推动的。

大企业因为企业病，效率变低了，经常会遇到"瓶颈"。有人特别想干一件事，但是周围的人都说不行：财务说不行，法务说不行，老板说不行，或者协调完还是会有人说不行。

我自己从最安全、最稳定的大学里辞职了，因为我不再追求那一种稳定了。我爸一开始老觉得我不行，后来他说我做的事情还挺多。我做了很多很多事情，是因为我独立出来了，没有束缚的人生更适合我，也让我的能力得到了大幅提高。

第五，从一味地推销到提供建议。

一味地推销是整天拿着简历请求别人："让我来这个公司吧。"其实，你不用这样做，你只需要向他们提供建议就好了。

我爱人开了一个美睫美甲美容的高端店，她特别棒的一点是不会跟别人讲"你来我这儿做美甲，我给你打个八折"。她知道打折对客人来讲作用不大，她的方式是当别人在谈论美容的时候，她淡淡地给出一些建议。别人就会问更多问题，她便从原理讲起，比如为什么得用这个牌子，而不用那个牌子。一直等到别人问她能不能推荐一个地方来做美甲时，她的生意就来了。她的很多客户都跟她成了朋友，不是推销和被推销的关系，而是她是这个领域大家都认可的人。

当你在社会上找到一个领域，还让自己成为这个领域大家都认可的人的时候，你就可以经常给别人提供解决问题的方案了，自由职业的机会就会越来越多。

第六，增强自己的实力。

千万不要说你什么都不追求了，把时间都消磨在看电视上。你会发现看了一整天电视后，你的心情特别糟糕，因为你觉得这一天啥也没干，你没有任何成就感。

虽然我们说要降低对物质的要求，但是追求自己能力和精神层面的提高是很重要的。当你读完一本书，你会很开心，因为你变强了，你知道的东西更多了，你的精神层面在提升。

第七，愉悦地面对辛苦。

我们在生活中经常会自己找苦吃，比如去健身房锻炼，练肌肉、做瑜伽都很辛苦，但我们会很愉悦。我们对工作感到痛苦完全是来自一种惯性，就是来自我们觉得这件事好像挺痛苦的，因为大家都觉得痛苦。

自由就是摆脱社会的惯性。当你能够摆脱这种惯性，在工作中努力思考，解决一个问题的时候，难道这不是一个游戏吗？这会像神探柯南破案一样充满乐趣。你在创作一个剧本的时候，会觉得很苦，但当你能够转变对工作的看法的时候，你会变得愉快很多，难道这不是在留下自己的作品吗？

第八，要保持独立思考。

不要轻易受外在的影响，因为每天带给你痛苦的那些言论是外在的声音。过春节对很多人来讲是一件压力巨大的事，家人都在说："你有男朋友了吗？你怎么还没有？你都这么大了，你该考虑这个问题了……"

可是，有可能在你最想谈恋爱，身边有很多单身男性的时候，家人不让你跟异性接触，跟你说："不许谈恋爱，谈恋爱是很危险的，一定要到大学毕业才能谈恋爱。"

未来这个社会，单身的人会越来越多，你没必要非得组建一个家庭，可以保持自己独立的选择和判断。

第九，小众市场更有消费力。

你不一定非得满足所有人，不一定非得挤到红海里，你可以考虑一些很有意思的事。我有一个朋友特别棒，他是我大学的师弟，他看了一篇科技论文后大受启发，花了几年的工夫，用这套原理做出了一套音响。

这套音响做出来以后，它的价格对很多人来说是超乎人们预期的，于是很多朋友开始买他的音响。

他选择了这么窄的一个市场，这么愉快地去做这个创造性的工作，最后产品为他带来了一个大的商机。最有意思的是写那篇论文的人找到了他，跟他在那个成品面前一块儿合影留念。这多棒！他是给我们创造惊喜的人。

第十，加薪不如个人品牌的提升。

很多上班族都追求加薪，希望有更多补贴。有的人不好好工作就是觉得老板给的钱太少了，但混日子浪费的是自己的大好青春，他们让自己变得越来越平庸，最后就只能说："我这么平庸、这么穷、这么笨，是因为我老板是个坏人。"

谁会去听这样的解释？就算老板很坏，给你的钱很少，对你态度不好，可他给了你工作的机会。有了这个工作，你就有机会把你的个人品牌创造出来，就有机会做得更好。哪怕事情做完没有奖金，但是在"江湖"上有了声誉，这才是最了不起的结局！如果你总计较别人给了你什么，实际上你就是生活在过去的惯性中，是在不断地追求物质，而不是在追求自己的精神和能力的提升。

第十一，多处办公，移动办公。

如果能够成为一个自由职业者的话，你就不再受雇于别人，成为一个自雇者。你可以在星巴克办公，可以在北海边上办公，还可以在玉渊潭公园办公。

我曾和一个著名的编剧一起吃饭，她是1988年出生的一个很单纯的姑娘。她比我小十几岁，但是她写出了很厉害的剧本。

我问她怎样工作，她说自己就在三亚待着，住在一个小房子里。每天在海边坐着，晒足了太阳，写两页剧本。这种生活方式就是你随时去哪儿都行，根本不需要生活在某一个城市，可以环球旅行。所以，如果有条件，你可以选择多处办公、移动办公这种新的生活方式。

第十二，用生活方式来进行社交。

咱们以往交的朋友，要么来自亲戚，要么来自同学，要么来自工作关系。这些人都跟你太相似，跟他们打交道的时候，没有什么能让你特别开心的话题。用生活方式社交可以是因为你跑步认识了很多人，这些人跟你因为工作认识的人不一样。你可以通过摄影、冲浪、旅游、读书来进行社交。

樊登读书会有一个工程师，在这里，他的社交面一下子变广了，因为他可能在这里认识医生、老师、警察等，而他们共同的生活方式是读书。

第十三，追求生活中的小确幸。

"小确幸"这个词来自日本一个非常著名的作家村上春树，他写的一篇散文中，提到小小的确定的幸福。跟那些大的幸福比起来，经常发生的小确幸对我们生活的影响会更大。很多人的愿望是买一套房子，买房子是一件很大的事，买完房子后，能够快乐多长时间？大概就是快乐到准备装修之前就结束了。进入装修阶段后，立即就开始烦恼了。大的幸福事件，你总在开始时觉得它威力很大，但它发挥作用的时间很短，很快就归于平淡了。

小确幸是你今天早上吃的早点，你很满足，觉得早起真好，内心涌出的一种幸福感。或者你今天跑去看了一场电影，电影院里最好的位置竟然被你挑到了，好开心。

当你在生活中找到很多小小的确定的幸福的时候，你会发现你的幸福感得到了大幅提升。小确幸更重要的是来自人与人之间的关怀，来自一个微笑，来自一个拥抱，来自互动。

第十四，在生活中追求一些刻意的不方便。

一提到度假村，我们就觉得特别酷。北欧人却不这么认为，他们把有的度假屋建在没有电的地方。我们想想看，从白天到黑夜都没有电，怎么做饭、怎么生活、怎么取暖、怎么洗澡？

全部由人工来解决，每家人到那个地方度假的时候，全家人都要变成原始人，生火、烤火、做饭，发挥一个人的潜能去做所能够做的事情。不像我们想象中的度假，要追求五星级酒店、头等舱、要舒服。如果和在北京一样方便、舒服，你何必出发呢？

樊登读书会中有一位女士，她是心理学家，也是个旅行家，每个月只工作15天，15天后就出国。她每个月都出国，甚至一个月出国两次。她最喜欢去的地方是一般人都不去的艰苦的地方，像印度的偏远山村，还有尼泊尔，或者是非洲、南美洲等地。她说只有去环境艰苦的地方旅行，才能够让人真正地放松。

去一些特别发达的地区，人会特别自卑和内疚，总觉得自己不够文明、不够有钱、不够好，压力反而变得很大。当你到那些让你觉得不舒服、很麻烦的地方，有很多艰苦环境需要你去接受的时候，你才能真正地完善自己。

第十五，精神层面比金钱层面更重要。

在北欧采访的时候，作者问了很多人，问他们希望在工作中获得的最大乐趣是什么。大部分人说的是"我想做更有挑战性的工作""希望能得到成长""想从事能带来成就感的工作"。

第十六，重质不重量。

很多上班族很痛苦，只要老板不下班，他们就不敢下班，辛苦是因为耗费了大量的时间、低效、没有产出。我工作的时候，发现自己坐下来，半小时就一定能够处理好很多事。这不是因为我多厉害，而是因为我不需要对某个领导负责。

如果有足够的自由，你完全可以短时间、快速地解决很多事情，而不需要耗费大量的时间去应对办公室里的考评，去在乎老板的看法。

第十七，不与他人比较。

这说起来容易，但需要在生活中慢慢地觉知自己，慢慢练习。

第十八，改变既定的生活模式，享受变化。

作者写了自己搬家带来的新鲜的邂逅和全新的感受，同时也提议，如果搬家这件事对大家来说不好操作，不妨考虑换一条上班路线，或是逛逛自己平时不太逛的店铺，尝尝平时不太问津的食物，跟平时没什么来往的人见见面……

用舍弃来重新设定生活

以上是本田直之提出的少即是多的生活方式，我觉得他这些建议有点儿多了，不符合"Less is more"（少即是多）。"Less is more"是一个象征时代潮流的关键词，它来自德国建筑大师密斯·凡德罗。这是他对建筑设计在哲学意义上的描述。

为了能够实现这么多的改变，你需要舍弃一些东西。这本书最后一章，本田直之重点讲舍弃。

你要找到生活中最重要的东西。

找到生活中最重要的东西，可以决定你不做什么。做什么先别决定，先把不做什么决定了。

比如，我决定不去学校上班了；有一个公司不赚钱，我决定把它关了。这就是决定不做的事情。然后尝试断舍离，就是把没必要的东西抛掉。

给自己重新设定一次。

看看自己的生活能不能发生扭转、进行调整，换一个城市工作，或者换一个行业工作，这都没问题。不要在意小世界，要把目光放得长远。如果在意小世界的话，你就只会跟身边的人比较。有一些生活在狭小天地的人群，人跟人都差别不大，每个人努力所做的事的方向也差不多。他们普遍对生活感到绝望，觉得精神很空虚，日子过得也很空虚。下班后，只好一起去喝酒，喝得胃都坏了。我们要把眼光放远一点儿，看看世界在发生什么事，看看自己还能做些什么。

学会不依赖金钱去创造。

过去，很多人觉得，没钱怎么创造？实际上，很多创新不需要金钱。比如写剧本，它不需要金钱，你想学，就好好学习如何写，慢慢也能学会。

现在的樊登读书会，会员越来越多，估值越来越高，也不是因为我有钱，而是我们在创业之初就是凭着几个人的热情，以及想改变这个国家的想法，真心觉得读书可以替大家提高一些生活的质量和素质，所以就把这件事做了！我们相信，只要投入足够的精力和时间，自然就会有所创造。

要减少对设备的依赖。

本田直之提到了苹果手机，有了苹果手机以后，录像、摄像、打字、写文章、录音这些功能一部手机全搞定。我现在出差，经常喜欢什么都不拿，就拿一部手机，轻装出发，第二天轻松回来。只有每次出差跟旅行一样，你的生活质量才能够提高。你应该抽出更多的时间运动，给自己找一些跟别人不一样的运动方式，让自己变得更加独特。

薄薄的一本书讲了很多建议，对于作者提到的全新的生活方式，我做了这样的总结：你要学会追求复业，而不是副业。

复业的意思是：你不仅仅是一个老师，还可以是一个主持人；你不仅仅是一个公司的职员，还可以是一个品酒师，或者一个户外运动俱乐部的负责人……这叫作"复业"。

副业是什么？比如，我白天在单位上班，晚上出去开出租车，或者我白天在单位上班，晚上出去给人做美睫美甲。为了糊口所做的这些所谓的"副业"，会严重损耗你的幸福感，让你没法成为专业人士。

反过来，你要把自己的爱好慢慢发展起来，然后让你的身份变得更加多元化，你会发现自己的潜力是很大的。你其实可以投资很多不同的行业，只要你下功夫去研究它们。

倡导双城生活。

给自己变换生活环境，把工作和娱乐的界限模糊化，就是不要认为自己要追求工作和生活的平衡。当你说你要追求工作和生活的平衡的时候，这句话本身就已经说错了，因为你已经把工作和生活对立起来了。

事实上，"Less is more"的健康价值观指的是：生活本身也可以是享受的，生活本来就是娱乐的一部分，工作本身也是可以很轻松的。

当你的工作和娱乐的界限没有被清晰地划分的时候，无分别心就产生了，这样你才能够时时刻刻地体会到工作中的小确幸，以及生活中的小确幸，幸福指数才会提高。

倡导游牧的生活方式。

到处跑跑，长长见识，也可以接受一些海外的工作，或者是别人要求你出差，别老拒绝，别太恋家，需要做出一些改变。

最后，本田直之提出一个"减速"的概念，毕竟外在的物质是追求不完的。商家最大的本事，就是不断地激发你的购买欲望，让你的购买欲望越来越强，这样你会不停地买东西。

所以要断舍离，让自己需要的东西变得少一点儿，让自己精神方面的追求变得多一点儿。多读书、多旅行，让自己的人生变得更加富足和愉快。

从物质中获得幸福的时代已经结束了,并不是意味着你已经拥有了所有的东西,而是你开始追求精神层面的享受了。我们可以在这些思考中打破社会的惯性,改变一下,让自己的生活变得跟过去不一样。

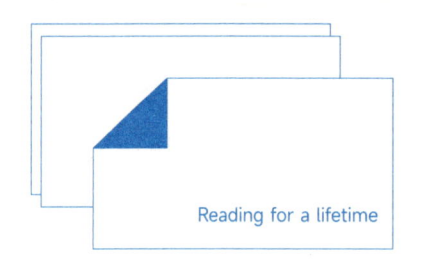

Reading for a lifetime

《向前一步》：
何时觉醒都不晚

  《向前一步》的作者叫谢丽尔·桑德伯格，她曾是 Facebook 的 COO（首席运营官），因为是一位女性，她备受关注。2011 年，她在美国被评为"世界最具影响力的女性"第五名，超过了奥巴马的夫人米歇尔。

  这本书的英文名叫 LEAN IN，意思是往前坐。它提醒职场女性，工作中要积极参与，而不要往后退缩。

  书是我的一个师妹送给我的，她请我一定要把这本书解读出来，让更多人了解女性在职场中打拼有多么不容易。

  我想到很多女性在生活中犹豫过的事情：自己是做全职妈妈，还是好好工作？要不要创业？是为自己而生活，还是为了这个家庭委曲求全？在《向前一步》中，作者给出了清晰的答案。

  谢丽尔·桑德伯格无疑是成功的，她从哈佛大学毕业后，就跟着美国当时的财政部部长萨姆斯工作，也曾给哈佛大学的校长做助理，她在萨姆斯担任美国财政部部长的时候成为他的首席幕僚。她在谷歌也做到了高级管理者的级别，后来跳槽到了 Facebook，成了 COO。她的人生可以说是顺风顺水。

  读完了这本书，我才发现，桑德伯格在这么顺利的情况下，依然要面对特别多不为男性所知的困难，还要顶住很多来自女性的压力。

女性的困惑与恐惧到底是什么

书的开篇就表现出了对女性在职场中的很多担忧。朱迪思·罗丁是常春藤盟校的一位女校长，也是洛克菲勒基金会的总裁。她曾经对一群女听众说："我们这代人曾奋力抗争，以求给你们有选择一切的自由。我们也相信你们的选择，但没想到会有这么多人选择了离职。"

这一点让人特别失望。有数据显示，美国的本科和硕士毕业生中，女生的比例分别是57%和63%，中国本科以上的女生占到51%。

工作以后，初级岗位挤满了女性。但是到了高层岗位，女性少得可怜，董事会里有一位女性似乎成了一种惯例，感觉这样的安排只是为了显得公司比较平衡。

有一次，桑德伯格去一家金融机构开一个高级别的会议。她问一位工作人员女洗手间在哪儿，结果这个已经在这里工作了一年的人茫然了，因为在开会的地方，桑德伯格是唯一需要使用女洗手间的人。

人们对男性普遍有事业上的期待，但是对于女性，有时候连女性自身都会认为嫁给一个好男人可能更重要。桑德伯格讲了她的一位女性朋友盖尔·莱蒙的故事。盖尔·莱蒙27岁时曾获得一笔丰厚的奖学金要留学德国，她那时候在谈恋爱，所有人都为她的恋情担心。她男友的老板悄悄把她拉到一边说："像他那样的好男人可不多。"这种话听起来很亲密，但是就在那一刻，在整个院子里，莱蒙后来回忆说："我感受到了从未有过的孤单。"

在这个案例中，我们看到一位女性要去为自己的未来打拼的时候，身边有那么多亲近的人劝她早点儿结婚。整个社会都对女性存在一些文化上的暗示。书中写道：

> 金宝贝公司（Gymboree）设计的婴儿连体服上，男孩版的图

案文字是"像爸爸一样聪明",女孩版的图案文字是"和妈妈一样漂亮"。同一年,彭尼公司(J.C.Penney)推出的一款少女T恤衫,上面印着一串看上去得意扬扬的文字:"我漂亮到不用写作业,所以我的兄弟必须帮我写。"这一切并非发生在1951年,而是发生在2011年。

很多流行文化都在鼓励这种肤浅的性别认识。拥有领导力的女性还常常被塑造成不受欢迎的女强人形象,一个职业女性的固有形象常常被刻画得疲于工作又没有个人生活。似乎只有这样,才是一个合格的、有权势的、穿PRADA(普拉达)的女王。这样的现象使得很多女性都在不自觉地受影响,她们开始向后退。

书里还写到演员蒂娜·菲,说她曾注意到,当她作为女主角,与已是两个孩子的父亲——男主角史蒂夫·卡雷尔在宣传电影《约会之夜》时,记者特别关心她如何平衡生活与工作,却从来不会向卡雷尔提这个问题。她在《天后外传》中写道:"对于一个女人来说,最粗鲁的问题是什么?是'你今年多大了',还是'你体重多少'?都不是。最烂的问题是:'你是怎么兼顾所有事情的?'人们总是在问我这个问题,而且目光里还有谴责的意思。'其实你搞得一团糟,不是吗?'他们已经用眼神这样说了。"

实际上,根据来自政府、社会科学与原始资料的研究,当父母都拥有属于自己的事业时,孩子、父母和婚姻三方面都能得到极大发展。数据清楚地显示:分担经济来源和抚养下一代的责任会减轻母亲的负疚感;若父亲提高对家庭的参与度,孩子会成长得更开朗、健康。

生活中的确如此。如果父亲整天在外面出差,从来不管家里的事,孩子会觉得特别没有安全感。而且,孩子得不到来自父亲的关爱。整天跟妈妈待在一起,也不利于孩子的健康。所以,妈妈去工作,父亲也照顾家庭,这才是一个理想的家庭。

布兰迪斯大学的罗莎琳德·查特·巴尼特教授对其"工作生活平衡"的研究做了一次综合检验,她发现担当多个角色的女人焦虑更少,心理也更健康。职业女性可以收获许多成果,包括更稳定的经济与婚姻、更健康的身体,她们对生活的满意度通常也会更高。

大家有没有发现,如果一位女性在家里长期不出去工作,就很容易与亲密的人发生争执,和老公相处困难。其实,不是因为她闲,而是因为她心慌,没有安全感,觉得自己在这个家里是一个等着别人给钱的人,那种感觉特别不好。

因此,我们要支持身边的女性去工作,希望她们拥有自己的事业。

对女性自身来说,首先要能够战胜恐惧。大多数女性之所以往后退,想回归家庭,就是因为她们恐惧——她们害怕不被人喜欢,害怕做错选择,害怕引来负面的关注,害怕飞得越高,跌得越重,害怕被批判,害怕失败,甚至还有"三合一"的恐惧——害怕自己变成糟糕的母亲、妻子、女儿。

女性首先要学会问自己:"如果我心中没有恐惧的话,我到底会做些什么?我究竟是因为恐惧才选择了现在的生活,还是我其实心中有梦想,只是不敢去实现?"

大家可以从苏珊大妈身上感受到梦想的力量。多年来,她都是一个平凡的家庭主妇,生活仿佛已经定型了。但她依然没有放弃自己心中的梦想,她站上了《英国达人秀》的舞台,克服了恐惧,实现了超越。

8个建议让女人的人生丰满、轻盈

作者建议的第一招叫作"往桌前坐"。

往桌前坐才有机会。很多职场女性习惯在开会的时候坐在外围,这意味着不想参与。

稻盛和夫说一个人要想成功,就要学会在旋涡中工作。

在旋涡中工作,就是你得往里边跳、得参与,得往这件事要解决的核心难点里走，让自己能够在组织中起作用。否则，你只站在边上，怕自己被安排做更多工作、怕自己受人注目，那你怎么可能成为公司里重要的一员？

有一种心理学现象，叫作"冒充者综合征"。冒充者综合征指的是人有时候会觉得自己并不配现在的地位和角色，女性尤为严重。冒充者综合征的表现是，人在两种感觉中摇摆，要么是自我迷恋，要么会想"我是个骗子"。

女性大多会感觉自己是骗子，背后的心理原因是女性会比男性更容易低估自己。女性常常会说"我没有你们说的那么好""不是啦，我算什么专家"。她们太谦虚了，不敢承认自己在某方面做得很棒。

2011年8月，福布斯公布了该年度"世界最具影响力的女性"排行榜，桑德伯格位列第五。很多朋友都向她祝贺，她的表现是感到窘迫，告诉别人这个排行榜是"可笑的"之类的。

这时候，她的助理——一个女孩把她拉到房间里把门关起来，说："你的回应很差劲，你只需要微笑着说声'谢谢'就可以了。"桑德伯格说，她是对的。

冒充者综合征使一个人否定自己的成就，只有当他坦然地接受自己的荣誉，大大方方地说"谢谢"的时候，才能展示自信。向前一步，需要你的自信。

第二个建议是，要成功，也要受欢迎。

2003年，哥伦比亚大学商学院教授弗兰克·弗林和纽约大学教授卡梅隆·安德森主持了一项实验，他们给参加测试的学生中的一半人看一个故事，描述企业家海蒂怎样通过爽直的性情以及广泛的社交圈成为一个成功的企业家。另一半人也读同一个故事，只是把海蒂的名字换成了霍华德。海蒂是一位女性，霍华德是一位男性。

研究人员让大家来看这两个故事，随后对他们进行调查。结果发现，人们对海蒂和霍华德在故事里所表现出来的能力意见是一致的，但是人们更愿意和霍华德共事，海蒂被认为很自私，不是"你想雇用或为之工作的那种人"。

这个实验告诉我们，男性的成功与受欢迎度是成正比的。男性越成功，在他身边围绕的人就会越多。而对女性来说则成反比，女性越成功就会越孤独、寂寞。很多身居高位的女性普遍过得很艰难，记者尚卡尔·韦丹塔姆曾经系统地整理过人们对第一批世界级女性领袖的贬义称呼。他写道："英国的玛格丽特·撒切尔被称作'母鸡阿提拉'。以色列第一位女总理果尔达·梅厄被叫作'内阁中唯一的男人'。理查德·尼克松总统称印度第一位女总理英迪拉·甘地为'老巫婆'。德国的现任总理默克尔则被戏称为'德国铁娘子'。"

女人要怎样应对这一现象呢？

首先要学会温柔地坚持，表达自己的需求，并接纳自己的情绪。桑德伯格分享了她自己的经验："我当然希望自己能坚强到对别人的话毫不在意，但经验告诉我，这通常是不可能的。不过，允许自己不开心甚至难过，然后继续前行——这是可以做到的。"

一个人成功的速度取决于他从挫败中恢复的速度，从挫败中恢复得越快，成功的速度就会越快。释放一下，有情绪就接纳它。然后，要学会适应"强"这个字。如果有人说你是女强人，那也没关系。扎克伯格告诉桑德伯格，想"赢得每个人的欢心"的想法会阻碍她的发展。

的确如此。人们不喜欢女强人，是因为身居高层职位的女性不多见。等到高层管理者的男女比例达到1∶1的时候，人们就会接受这种现象了。

第三个建议是，人可以同时确定两种目标，即长远目标和18个月的短期目标。

很多人把职场上的晋升想象成梯子，一个人接着一个人，要么往上，要么往下。所以这时候，你会发现你的成功和失败会导致你跟别人产生特别多的矛盾，你必须打败别人，踩着别人的脑袋才能够上去。

实际上不一定。你可以把上升的阶梯想象成一个方格架，一个人往上走的时候，可以先朝左，再往上，拥有更多探索的可能。

方格架的比喻适合每一个人，尤其是休息一段时间以后准备重新进入职场的人。方格架也为我们提供了更为宽广的视野，不是只有顶端的人才能看到更美的风景。竖梯上大多数人不得不盯着上面那个人的鞋子看，他们没有看到这个世界还可以更宽广。

桑德伯格从谷歌跳槽去 Facebook 的时候，很多人都不理解，因为那时候 Facebook 刚刚起步，还没有特别好的前景，而她在谷歌有机会做到更高层。

桑德伯格非常清晰地意识到在 Facebook 可能有更大的作为，因为那个地方是一个空白的阵地，她愿意沿着"方格架"从谷歌离职。

作者建议大家同时确定两种目标：一种是长远的目标，另一种是 18 个月的短期目标。比如，作者的长远目标是改变世界，我的长远目标是让中国人都喜欢读书。

18 个月的目标是你能为公司做些什么，建议所有职场人士都想想，18 个月你能为你的公司做些什么，可以为公司带来一些什么样的改变，从而为你带来升职的机会。

关于升职，女性只有在认为自己 100% 符合条件的时候，才会公开地申请职位，但是男性只要觉得 60% 的条件符合就会申请。所以，女性需要转变思路，不要总说自己还没准备好，而应该说"我可以边做边学"。第三个建议的关键是要去走"方格架"，而不是爬"竖梯"。

第四个建议是，真实地表达自己的想法和情绪。

做到真诚地交流其实并不容易，它是家庭和睦、工作高效的基础。如果表达的时候患得患失，就会不断地引发各种各样的弊端，比如问题得不到解决、日积月累的埋怨、不公平的晋升等。

书里这样说：交流的最佳效果来自谈吐得体且态度真诚，其关键点在于你不需要直愣愣地冒出大实话，而是适当地修饰后的诚实表达。比如这样说："我觉得你从来都不认真考虑我的建议。"这就很伤人，因为这句话是一个观点。但你把这句话改成："写给你的四封邮件你都没回复，我很失望。这让我觉得我的建议对你来说不太重要，真是这样吗？"这种表达方式很明显更容易将你的疑虑表述清楚。

在领导力课堂，我也会分享这样的知识，就是当你给别人提意见的时候，要学会先说事实，然后说影响，最后说后果。只要愿意学习这样的方法，你就可以学会良好地表达。

坦诚地沟通不仅仅意味着你给别人提意见的时候要坦诚，倾听也是非常重要的。所以，作为一位女性高管，你要善于倾听来自基层的意见，因为没有人会主动得罪你，所以你要多问、多跟他们聊天。

如果真的有些情绪，哭出来其实也是没问题的。也许有一天，人们在工作的时候流泪不会再觉得尴尬。这也不再是软弱的表现，而会被认为是一个人在真实地表达自己的情绪。

第五个建议是，不要让自己"身还在，心已远"。

这个"身还在，心已远"听起来像广告词，这就像是：明明还没有怀孕，你就开始担心自己两年后怀孕怎么办；明明年纪还小，你就怀疑自己嫁不出去怎么办。你总是在为那些就算忧虑也没法解决的事情担心。

书中有这样一个故事，一个5岁的小女孩参加完课外活动后，闷闷不乐地回到家。妈妈就问她怎么了，这个女孩说，她和自己喜欢的男孩都想当宇航员。妈妈问："那为什么不高兴呢？"女孩说："如果我们一起上太空了，谁来照顾我们的孩子呢？"

桑德伯格看到女性对家庭和孩子的忧虑是与生俱来的，一个5岁的女孩就认为飞上太空面临的最大挑战是怎样能让自己的孩子得到妥善的照看。

女性很少痛下决心离开职场，但是她们一直以来总是要做很多微小的决定，不断地妥协和牺牲，同时深信这样做都是为了拥有一个美满的家庭。在女性选择退缩的方式里，也许最普遍的就是"身还在，心已远"。

提前考虑结婚、生孩子、照顾家庭这些问题，会影响女性对职业生涯的规划：从准备怀孕开始就在做一种精神准备，开始逐渐远离机会。其实，有的人从做这种精神准备到真的怀孕之间也许会间隔10年。

对女性来说，如果愿意回到工作岗位上，其实是有很多种办法的。只不过，女性退出职场，从社会各方得到的不仅是允许，还有鼓励。

桑德伯格把事业比喻成马拉松，开始跑的时候，就有人给男人打气："加油！坚持下去！"但女人听到的则是不同的声音："你知道你并不是非得这么做。"跑得越远，给男人加油的声音越大："坚持，你必须坚持！"女人听到的却是越来越多的质疑声。外界的声音，加上内心的声音，都在不断地质疑她们坚持跑下去的决心，甚至还会出现反对声。正当女性努力承受激烈竞争带来的压力时，旁观者却大声喊道："家里的孩子需要你照顾，你为什么还在跑？"

桑德伯格建议所有女性朋友珍惜自由选择的权利，不要在刚刚驶入高速公路时就寻找出口，不要踩刹车，要加速。把脚放在油门儿上，等待必须做出选择的那一刻。只有这样，才能够保证在那一刻到来时，你所做出的是一个正确的决定。

第六个建议是，让你的另一半成为你的人生搭档。

你老公是可以培养的，他也是可以学会拖地的。"正如女性需要在职场上获得更多的权利一样，男性在家里也需要获得更多的权利"，这种表达多好听！

很多女人因为太有控制欲或者过于挑剔，无意中打击了男人分担家务的积极性。比如：男人一拖地，女人就批评他拖得一点儿都不干净；男人一照顾孩子，女人就开始指责他的不足。男人拖地拖得不太好，你鼓励他"已经不错了"；他带孩子，你鼓励他"带出来的孩子真是精神，孩子跟你在一起增添了很多男子汉气概"，男人才会更有动力去做更多。

女性有一种天性叫"固守母职"，指的是母亲是不允许别人掺和她的事的。

女性可以把固守母职的天性稍微克制一下。如果你不愿意放权，就很难培养出你的丈夫，甚至还会质疑丈夫不爱你、不帮你。你甚至都培养不出保姆，因为保姆在你面前干活儿，你总觉得她不对劲儿。孩子跟保姆有点儿亲近，你就会担心、紧张。

男性可以在承担家庭责任方面向前一步。在一次会议上，当被问及男性做些什么才能帮助女性时，哈佛商学院教授罗莎贝斯·莫斯·坎特回答道："洗衣服。"在生活中，类似洗衣服、采购、打扫和做饭这样平凡的琐事，是每个家庭都不得不做的事，而且这些事情通常都落在女人身上。

所以，女人要鼓励更多的男人往桌前坐——这里指的是厨房的案桌。

第七个建议是，你不要想成为全能女人，试图做到一切，还期待做得超级完美，这必然会导致希望落空。

格洛丽亚·斯泰纳姆说："你不可能做到一切。没有人能做两份全职工作，不仅把孩子照看得很好、一天三餐都下厨，还可以在凌晨享受性高潮……女性运动要反对的就是'女超人'。"

Facebook有一条海报标语叫作"完成，好过完美"。面面俱到是一种危险的想法。桑德伯格讲到她在麦肯锡实习时的一段经历：很多人都筋疲力尽，明明厌倦了无尽的工作和出差，但就是不主动休假。麦肯锡有一位主管说，麦肯锡对员工时间的要求是无止境的，所以工作的决定权其实在每个人自己的手里。

我有一个师弟在麦肯锡工作，他说自己脊柱钙化，还有很严重的失眠问题，因为他每天要坐16小时，却只能睡4小时。

我问他为什么不让自己轻松一点儿，他说他压力好大。

实际上，他算相当成功的职业人士了，但是他依然不能做到工作与生活平衡。这不仅仅是女性的问题，男性也一样，就是在工作中太过追求完美，结果反倒不利于自己的发展。如果非要追求完美的话，导致的结果可能是涸泽而渔。你的身体如果崩溃了，那么你追求的完美就只是一个气泡。

80分的状态是非常理想的，能够在80%的时间里表现出80分来，你就是一个卓越的人。

时间管理固然很重要，但是控制情绪和内心的负罪感同样重要，因为当负罪感爆棚的时候，你做什么事都不会专心。负罪感其实就来自对完美的不切实际的追求。白宫计划的创始人玛丽·威尔逊说："如果有人能找到一个没有负罪感的女人，那么我就能向你证明其实她是个男人。"

男性似乎觉得一切都是理所应当的，他们觉得自己的成功理所应当，是靠自己的能力得来的，但是女性做任何事都会觉得放弃了自己的家庭就对不起自己的孩子。女性的这种天然的负罪感是一个很奇怪的问题，这可能也跟母性职责有关系。

所有的母亲都要学会减少自己的负罪感。斯坦福大学的教授詹妮弗·阿克尔的研究显示，设定一个可达到的目标是幸福的关键。我们需要问的不是"我能做一切吗"，而是"我能不能做那些对我和家人来说最重要的事情"。

我们只需要努力把那些重要的事一个个地做完就很棒了。

第八个建议是，"让我们开始讨论吧"。

很多人不把性别问题当成一个问题，就好像客厅里的大象一样：客厅里有一头大象，人们都看到它了，却假装看不到。

当社会上有更多的人开始谈论女性的工作，谈论女性的身心和家庭的平衡的时候，性别问题才有可能得到解决。

一切东西都是从开始谈论它开始的，桑德伯格在 TED 上发表了关于女性领导者的演讲，于是她就成了这个话题的核心人物。她希望更多的人关心和讨论这个问题，尤其是女性自身。交谈能够改变观念，观念能够改变行为，而行为最终可以改变制度。

当然，不要把性别问题带入所有的讨论中。作者讲到一个男性首席执行官曾花了很大心力雇用和晋升女员工。有一位女员工和他商议时，坚决认为自己的职位应该更高，而且认为自己之所以不被重视是因为她是女性。他听到这话不得不立刻反驳，因为她说的话略带夸张地变成了控诉。一旦她用这种方式谈问题，对方就只好暂时中断原本友好的谈话。女性自己也要放松一点儿，社会的财富从来都不是分配的，而是需要人们主动获取的。

桑德伯格自豪地宣称自己是一个女权主义者，女权主义者是指主张社会、政治、经济、性别平等的人。

她说，正如哈佛商学院的研究实践所证明的那样，创造一个更平等的环境，不仅能让各种组织和机构更好地运行，还会为所有人带来更大的幸福。

女性觉醒也是亲密关系的礼物

谢丽尔·桑德伯格写这本书的时候，其实已经不仅仅是一个COO的角色了，她肩负着一个人对这个社会的看法和认知。她希望这个社会变得更加和谐，希望男女变得更加平等。其实，这件事对男性也是有好处的，支持太太工作，而不是让太太只能做全职太太，这不会让双方都委屈。

夫妻都工作对孩子是否会产生不好的影响？书中提到——没有研究证据显示，孩子跟保姆一块儿生活就会跟妈妈疏远，因为妈妈始终还是要扮演妈妈的角色。这时候，孩子跟妈妈可能还会变得更亲密，因为妈妈要抽出时间来陪孩子，那么这段时间会变得更加愉快。在日常生活中，照顾孩子吃饭、上学这些事是完全可以委托给保姆来做的。

我在读这本书的时候，真的觉得特别有道理。她说的每一句话，我都是接受的。我鼓励我太太创业，她需要钱和时间，我都愿意支持。我觉得这是平等的，而且很愉快，孩子也并没有觉得妈妈的缺失会产生多么大的问题。

有时候，是我们自己的想法使得这件事变得问题很大，我们认为它出问题了，它才会逐渐出问题。当你自己放松一点儿的时候，你会发现，其实没有那么严重。

桑德伯格呼吁男人和女人都要为提升女性的平等地位而努力，因为这关乎所有人的福祉。她提醒大家，有时候，女性并不仅仅是不平等的受害者，而且是不平等的捍卫者，很多职场女性的压力来自其他女性的看法和行为。男人对这件事情可能会比较轻松地说"没关系"，但是有大批的女性，尤其是那些喜欢在一块儿讨论别人的人，她们会施加特别大的压力。桑德伯格呼吁尽量减少来自女性方面的压力。

书里有一处作者写自己通过在学业上不断精进来增加自信，其中一个细节让我对哈佛大学的教育有了特别的好感。

桑德伯格到哈佛大学去读书，第一个学期，教授在第一堂课上就问："有多少人读过这些书？"就是他要讲的书。几乎每个人的手都举了起来。他接着又问："谁读过这些书的原著？"有1/3的人还举着手。桑德伯格问身边的朋友："什么原著？"对方告诉她，原著就是希腊文原著。

　　我看到这里，真是很赞叹，在哈佛大学这样的学校，在入学的第一天，就已经有人把课本的希腊文原著读过了。这样的人一定会觉得探索是一件特别有趣的事，难怪哈佛大学能够培养出这样杰出的女性。

　　希望更多女性朋友读一读《向前一步》，我也希望有更多男性读了之后能改善夫妻关系。让我们一起用阅读来改变生活。

《这书能让你戒烟》：
好办法不需要意志力

我从没有抽过烟，《这书能让你戒烟》是我们读书会的主编肖老师推荐给我的。他有15年的烟龄，但是看完这本书之后，他就把香烟戒了。这是一本经典的书，25年畅销不衰，全球销量有900万册，并且帮助1000万人告别了烟瘾。

这本书的作者亚伦·卡尔是一个很可怕的烟民，他说："你的烟瘾比我还大吗？"他抽了33年烟，高峰的时候，每天抽100根。吸烟对他的身体造成了严重的影响：吸烟让他血液黏稠，他身体流出来的血液是棕红色的，才40多岁就出现了黄褐斑，常常头晕目眩。

他决定戒烟后，整个人生就变得不一样了。这本书出版至今已经20多年了，他在60多岁的时候，还依然能够运动，每天坚持跑步。他非常享受戒烟以后那种美好的生活。

他发起了一个组织叫"轻松戒烟诊所"，秉持无效退款的原则，退款率从未超过10%。也就是说，戒烟治疗的成功率超过90%。目前，"轻松戒烟诊所"已遍及20个国家，总数超过50所。

很多人说，有的人一直抽烟都没事。我就经常会举这个例子：一个人出门如果开车逆行，未必一定会撞到什么，并不是所有逆行的人都会出车祸，但是逆行的风险很大。很多人的身体都是因为抽过多的烟而出现问题的。

1983年7月15日，亚伦·卡尔写道："或许那一天并不如纳尔逊·曼德拉最终出狱的那天重要，但我相信，曼德拉当时的心情，和我熄灭最后一根烟时是一样的。我意识到，我发现了所有吸烟者梦寐以求的东西：简单、快速、彻底的戒烟方法。"

这是他在抽完最后一根烟后得到的灵感。从此以后，他就再也没有抽过烟，并把这个方法传授给了身边的人，帮助上千万人戒掉了烟瘾。

这个方法究竟是什么呢？一层一层地学习，到最后，这个方法就自然明确了。这个方法有如下特征：

☆即时见效；

☆无论烟瘾轻重，同样有效；

☆无痛苦，无戒断症状；

☆不需要意志力；

☆不使用冲击疗法；

☆无须辅助手段或替代品；

☆不会增加体重；

☆效果持久稳定。

作者从来没有在这本书里强调吸烟对人体有多大的伤害。他说这件事人人都知道，作为一个抽烟的人，他是心知肚明的，只是假装不知道而已，或者他假装说有人没事，他说不定也没事。但是，一旦被查出肺癌，或者是各种各样的疾病，他就会立刻紧张起来。所以，我们不要让自己熟悉的人到了那个程度才突然紧张，那是一件非常残忍的事。

在这里，我还要做个补充：抽烟到底有什么危害？

从对身体的危害来讲，抽烟对呼吸系统会有很大的伤害。我就有亲戚长期抽烟，最后是因为肺癌去世的。他在走之前很痛苦，上不来气，因为整个肺都纤维化了。拍出来的片子，他的肺像木头一样，根本就没有活性了。很多老人家抽烟，六七十岁以后，呼吸都是"嘶啦嘶啦"的声音。

抽烟会导致心血管堵塞，致使冠心病、心脏病的发病率升高。

抽烟对神经系统的损伤很大，抽烟会让人变得麻木、对香烟有依赖性，或者很多人会浑身发抖，控制不了自己的身体。

抽烟跟消化系统有关系，抽烟有可能会引发胃溃疡。我在电视台上班的时候，很多女编导老喜欢抽烟，她们觉得最惬意的状态，就是一边抽着烟，一边剪片子。她们要的是状态，但是她们大部分都有胃病。

抽烟对生殖系统也有破坏，很多人在生孩子之前，要用一年的时间来戒烟。他们知道这事儿是不对的，但是生完孩子就忘。

这些都是抽烟对身体造成的伤害，牙齿黄、口臭就更明显了。孩子们都能闻得到，他们也不喜欢被抽烟的人抱。

抽烟还会带来心理上的伤害，抽烟的人会变得意志薄弱。坐高铁的时候，一到站，只停一分钟，有人就马上下去，点一根烟猛嘬，一口气最好嘬半根。乘务员说快上车，他就把烟扔到地上，一踩，然后上车。还有人会把烟头扔在火车道里、草丛里、垃圾箱里，这些行为都有损抽烟的人的社会形象。

我个人觉得抽烟最大的问题，是让你远离正念，让你与当下的觉知偏离。你根本不是自己在掌控人生，而是被这个化学物质控制，你还觉得自己挺棒的。所以，从生理和心理这两个角度来讲，抽烟对我们的伤害其实都是很大的。当然，这只是我个人的补充。

戒掉小毒虫：尼古丁

戒烟有哪些好处？如果你能够戒烟 8 小时，你血液中一氧化碳的水平就会降到正常水平，血氧水平就会恢复正常。如果你能够戒烟 24 小时，就是你一天不抽烟，那么你心脏病发作的概率就会下降。戒烟 48 小时，就是你两天不抽烟，你的神经末梢就会开始再生，你会变得更敏感，嗅觉和味觉能力都会增强，你的行走会变得轻松。戒烟2周到3个月，你的血液循环会改善，你的肺功能会提高30%，呼吸顺畅，晚上睡觉不打鼾。大家大多觉得打鼾不要紧，其实打鼾是非常严重的疾病，意味着呼吸可能骤停。如果你能够戒烟6~9个月，咳嗽、鼻充血、疲劳、气喘等症状都会减轻，呼吸道的纤毛会再生，清洁肺和降低感染的能力会增强。如果你戒烟1年，那么患冠心病的危险性会降为吸烟者的一半。

吸烟者自以为了解吸烟对健康的危害，其实不然。即使在整天头痛欲裂、担心自己会突然死亡的日子里，他们仍然在自欺欺人。其实，我们每天出门，被车撞到的概率很小，但是我们每天都小心翼翼的，过马路都要左边看看，右边看看，然后才过去。当你每天把含毒素的香烟吸到体内的时候，它100%对你的身体有伤害，你反倒无所谓了。那种伤害有可能比你被车撞一下的伤害还大，因为你呼吸不上来了。然而，人们安之若素，每天照常吸烟，给自己找各种理由。

我们来看看人为什么抽烟会上瘾。抽烟上瘾有两个原因：一个叫"小毒虫"，另一个叫"大毒虫"。小毒虫就是尼古丁。

尼古丁是毒品，也是一种强力毒素，它是杀虫剂的成分之一。如果进行静脉注射，一根烟含有的尼古丁就会杀死你。

我们要把这句话记住：尼古丁是毒品，吸烟就是吸毒。

抽烟的特点是每吸一口烟，都会有少量的尼古丁通过肺部进入大脑，其传导和发挥作用的速度比静脉注射海洛因更快。

尼古丁又是一种代谢奇快的毒品，吸烟后半小时，血液中的尼古丁含量就立刻下降50%。再过半小时，就下降到了25%。随着尼古丁含量在你体内快速下降，过一会儿，你又不行了，说要再来一根。这个奖励的回路会导致烟瘾越来越大，奖励的循环会变得越来越快。原来一天一两根，后来就一天一两包，甚至一天半条，像亚伦·卡尔那样达到一天100根。

不过有一个好消息，就是尼古丁之所以没有像海洛因一样的命运，是因为尼古丁的一个特质：它更容易戒掉。只要5~21天，你不去碰尼古丁，你就对它没有依赖了，这事就结束了。

所以，亚伦·卡尔突然宣布说不抽了，然后就真的不抽了，这是能够做到的。这不是意志力的问题，我再次向大家强调，千万不要把它上升到意志力的高度。这跟意志力没关系，因为戒烟根本不需要特别强的意志力。凡是说要靠很强的意志力来戒烟的，都证明这个人没有清楚地了解吸烟的危害。你以为吸烟是一件好事，所以才需要意志力来抵抗它。

这就是轻松戒烟法的最核心理论。吸烟本身不是一件好事，你认清楚这个问题，然后轻松地把它戒掉，不需要费那么大的劲儿，5~21天就可以做到，比不吃肉还要容易。

戒掉大毒虫：心瘾

大毒虫就是心理因素，就是心瘾。

很多人给吸烟找了很多理由。

第一个是吸烟能缓解压力。事实上，当用吸烟来缓解压力的时候，你的压力其实会变得越来越大。这还包含着自责，你会对自己的评价逐渐变低，吸烟根本无助于你缓解压力。

吸烟和应对压力之间，根本没有任何科学上的联系，这只是我们给自己的一个借口。

第二个是吸烟可以对付无聊。大家聊天，都站在那儿说话，手里没个东西，感觉怪怪的。你要记住这句话：吸烟并不能够对付无聊，吸烟就是无聊本身。

第三个是吸烟能够让自己集中注意力。伟大的诗人需要每次都抽一根烟才写诗吗？不需要！中国人接触烟草，是万历年间才有的事。万历之前，也有那么多有创造力的事。这也是一个虚假的命题。

第四个是吸烟能够让自己放松。这是自欺欺人，事实上，如果你真想放松的话，孔夫子讲"我欲仁，斯仁至矣"，同样的道理，你想放松，放松的那一刻就来到了。

反过来，科学向我们证明了尼古丁具有兴奋作用，它会导致心率加快。世界上最不容易放松的人，就是有严重烟瘾的人。烟瘾越大，就越不可能放松。戒断症会随时找上门来，人就会易怒，点上一根烟以后就好多了。

作者做了这样一个比喻，人们吸烟的过程，可以比作苍蝇被困在捕蝇草中的过程：最初是苍蝇吮吸捕蝇草的汁液，然后不知不觉间，就变成捕蝇草消化苍蝇了。

不要图一时之快，实际上，这些东西都是我们自己骗自己的。比如，有一个社交活动，别人都抽烟，你不抽不合适。这其实是因为以前那个年代，有很多木讷的人不太会说话，才会给大家每人递一根烟。现在的我们明明可以用更加文明的方式（拱拱手、喝杯茶都挺好），非得递一根烟才能说话倒显得奇怪了。

当很多人扎堆儿在那儿吸烟的时候，你作为一个不抽烟的人，最好就别过去。等他们不抽了，回来了，你再跟他们聊天。

现在，各地都设有专门的吸烟场所，无论是北京、上海，还是东京、纽约这样的城市，它们把吸烟区都放在让人看得见的地方。路过的人都能看到这群人就是吸烟的人，他们的眼光会给抽烟者施加社会压力。

事实上，人们越来越清醒地认识到，手里拿着烟站在公共场所抽的人是对自己没有约束力的人，是对自己不管不顾的人，是不珍惜自己生命和他人生命的人。

大量医学事实证明，吸烟是一件不能做的事。

很多人做了各种各样的尝试来戒除心瘾。

第一种方法叫作"意志力戒烟法"——我用意志力控制住自己。意志力戒烟法最大的问题是，这让吸烟者觉得是一种自我牺牲的戒烟方法。当一个人承诺他为大家牺牲，展现出意志力了，许诺不抽烟了的时候，他的内心是委屈的，他觉得自己特别不容易。

这个前提是他把吸烟当作一件好事，这个出发点本身就是错的，因此单纯的意志力戒烟法没有令人全面地认识到吸烟的危害，包括心理层面和生理层面。有时候，他甚至会说，戒了这么长时间，奖励自己一根吧。奖励自己一根后，就又开始抽烟了。

第二种方法叫作"减量戒烟法"，就是原来一个月一包，这个月抽半包，下个月10根，再下个月5根。减量戒烟法是作者最鄙视的，他说这个方法是最不好的。戒断的最大障碍在于心理上的洗脑，误认为吸烟是一种享受。

减量法可以用于改掉某种习惯，而烟瘾不是习惯，它是毒瘾。只要吸烟，毒瘾就会增大。要戒就一次性戒掉，你只要抽这一根烟，或者半根烟，在高铁站台上，嘬了那么一口，尼古丁就又会黏上你。

戒毒最重要的方法是彻底不要了，5～21天挺过去，然后重新认识这件事，心理上也就没反应了。如果成功了，你就能够像作者一样，开心、快乐地再活30年了。

第三个方法叫作"替代品法"，就是嗑瓜子、吃糖，或者抽也能冒烟的假东西。这还是心理上有一种根本性的假设，是你认为自己需要它，而事实上你根本不需要它，这就是这本书的核心。对于吸烟这件事，无论是从生理、心理上，还是从社交、行为习惯上，你都不需要它，因此不存在要有一个替代的、奇怪的做法。你以前又不爱吃瓜子，干吗使劲儿吃呢？

当一个人用另一个瘾来替代这个瘾的时候，会出现糖尿病、肥胖等病症，很多人不抽烟后变胖的一个重要原因，就是觉得内心空虚，需要弥补。他不断地吃，觉得自己应该得到补偿，老觉得自己吃亏了。

以前所有戒烟的方法之所以出现问题，就是因为抽烟的人老觉得自己吃亏了，而这个前提是不存在的。

快乐戒烟并不难

快乐戒烟法是有步骤的。

第一是决定从今天开始不抽了。

第二是不要质疑自己的这个决定，开心、快乐地去面对这个决定，告诉自己："我自由了，我不再被香烟束缚了，我不需要成为尼古丁的奴隶了。"比如，你买了一辆兰博基尼，或者法拉利，你会不会往车里加掺了杂质的汽油？你肯定舍不得。那你为什么要往自己的身体里注入毒素呢？

书里有几个小窍门。第一个小窍门是，在 5 ~ 21 天里，你还有烟瘾，那个小毒虫还在勾引你的时候，你要想象这样一个场景：有个小毒虫冲你招手，说"抽吧"，这时候，你要想：我得饿死它，我要饿死这个小毒虫。当你想到你要饿死这个小毒虫的时候，你战斗的精神就出现了："我就要饿死它，多饿一天算一天，饿过 21 天，就没事了。"这时候，你有战斗的欲望，你会觉得自己能够坚持下去。当然，如果你不小心，说就一口，就半口，你就要想象这样一个场景：这一口抽下去，那个毒虫会立刻变大，你又输给它了。这是第一个小技巧，我们要想象自己要饿死那个小毒虫，21 天，坚持下去就行了。

第二个小窍门是，当你看到别人抽烟的时候，你的羡慕只是惯性。这时候，你要调动自己的慈悲心。有了慈悲心，你就可以看到别人的真实情况了，你就会意识到这些人真是可怜，他们还没意识到将来会咳嗽。抽烟时的咳嗽是一种自救，是身体想把肺里的毒素排出体外。

当你能够同情他们的时候，你还可以用你的慈悲心帮助他们戒烟，这样你就不会被他们拉下水了。进而，你会找到另一份成就感。

这本书的作者原来是会计师，后来，他专职做戒烟运动，帮助很多人戒了烟。

我见过一个成功把赌瘾戒掉的人。认识他之前，我不相信这个世界上有赌王这回事。结果，我看到他手法快的程度真是不可想象。他看到很多人因为赌博倾家荡产，他的朋友差点儿被人砍死，他自己也被人追，所以他决定把赌瘾戒掉，他的办法是帮助别人戒赌。他不断地跟别人讲，"赌博很危险，你根本赢不了"，然后给大家展示很多计谋，帮助很多人远离了赌博。

他的方法是利用自己的慈悲心，就是当他看到这件事对别人造成的伤害后，他生起了慈悲心去帮助别人。抽烟的朋友，当你见到那些站在那儿抽烟的人，你要想他们正在牺牲这么重要的健康。

作者给不抽烟的人一些非常棒的建议。他说如果你强迫一个人戒烟，只会把他逼到死角，加重他对香烟的依赖性。万一把他逼成了秘密吸烟者，他会受到更大的伤害。他躲起来抽，身心受到摧残，得了病也不去检查。

你应该从反方向着手，让他接触那些戒烟成功的人，让这些人告诉他，戒烟以后的生活是多么美好。比如，身体变好了，省了很多钱，省下的钱可以付首付买车了。最重要的是，在戒断期间，你要帮助他，无论他是什么感觉，你都要假定他很痛苦。你只要告诉他，他现在的样子很好，身上的烟臭味完全消失了，呼吸也变得顺畅多了，你为他而自豪，这样的鼓励十分重要。

吸烟者尝试戒烟的时候，他的亲友、同事的鼓励会成为他的精神支柱。不过，他很快就会忘掉你的鼓励，所以你要经常给他足够的鼓励，而不是整天说："你看别人都戒了，你怎么戒不了？！"

最后还有一个提示，就是当你看到他很难受、抓耳挠腮的时候，千万不要说"实在不行就少抽点儿吧"，因为希望他减量这个方法不对。正确的方法是告诉他："我理解你现在的感受，再过几天就会好一些。你看你现在已经好多了。"你要鼓励他好的这部分，让他对自己美好的生活充满期待。

这就是这本书所讲的原理。虽然我不抽烟，但是我看完以后，觉得从原理上来讲，作者讲的是对的。你首先得知道吸烟这件事本身没有任何好处，所以你放弃它，丝毫不要觉得可惜。成瘾者对尼古丁的依赖性，绝对没有对海洛因那么大，所以你完全可以戒掉它，然后开心地去憧憬和享受你无烟的生活。

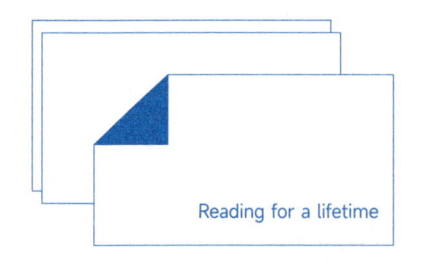

《非暴力沟通》：
用爱和理解打开一切

很多年前，我向别人推荐《非暴力沟通》，现在也常常能听到别人对这本书的讨论。

它从很深入的角度剖析了暴力的来源，给出了非暴力的解决方案。

这本书的作者是马歇尔·卢森堡博士，他提出的非暴力沟通的原则和方法，解决了众多世界范围内的冲突和争端。他还去协调过帮派之间的矛盾。他曾去说服一群社会青年，开始时，这些青年都极为不认同非暴力沟通，说："当你张嘴说话前，你的脑袋可能就已经开花了。"可是，经过倾听与对话，他成功了，给他带来最大挑战的人说他是"他们最好的顾问"。

力挽狂澜的非暴力沟通

《非暴力沟通》的开篇场景特别令人震撼，马歇尔·卢森堡博士作为一个美国人，去伯利恒一处难民营的一个清真寺讲解非暴力沟通。当时，巴勒斯坦人对美国人并不友好。

演说的时候，他注意到从听众中传来低沉的声音，翻译提醒他："他们正低声议论你是美国人!"

此时,一个男子喊了起来:"杀人犯!"

许多人立即随声附和,大喊:"凶手!""杀孩子的刽子手!""杀人犯!"

马歇尔·卢森堡博士没有离开,而是全神贯注地体会那个男人当时的感受和需要。

他展开了非暴力沟通。1小时后,那个称卢森堡博士为谋杀犯的男子邀请他去自己家享用丰盛的斋月晚餐。

书中是这样写的:

马歇尔:你很生气,是因为你希望我的政府能改变使用资源的方式是吗?(我并不知道我的猜测是否准确,但重要的是,我诚恳而努力地体会着他的感受和需要。)

男子:天杀的,我当然生气!难道你认为我们需要催泪弹?我们需要排水管,而不是催泪弹!我们需要房子!我们需要有自己的国家!

马歇尔:所以,你很愤怒,你希望得到支持来改善你们的生活条件,并且获得政治独立,是这样吗?

男子:你知道我和家人、孩子还有所有人在这里住了27年是什么滋味吗?你能想象这对我们意味着什么吗,哪怕只是一点点?

马歇尔:听起来,你感到非常绝望,你想知道,我或者别人是否能够真正理解这种生活的滋味,是吗?

男子:你想来理解吗?告诉我,你有孩子吗?他们有学上吗?他们有玩耍的操场吗?我的儿子病了!他在水沟里玩耍!他的教室里没有课本!你见过没有课本的学校吗?

马歇尔:我听到,在这里抚养孩子,对你来说是多么痛苦。你希望我知道,你所要的是每一个父母都想给孩子的——好的教育、玩耍的机会、健康的环境……

男子：是的，就这些基本的东西！你们美国人不是说这是人权吗？何不让更多的美国人来这里看看，你们把什么样的人权带到了这里！

马歇尔：你希望更多的美国人意识到这里的人们所忍受的煎熬，并能更深地认识到我们的政治行动对你们造成的影响，是吗？

卢森堡博士的所有语言，没有任何评判性，只是清晰、明确地讲出对方此刻内心真实的感受，对方的情绪就逐渐好转了。

卢森堡博士说他并不把对方的话视为攻击，而是当作来自人类同胞的礼物。这就是非暴力沟通的威力。

书里另一个令人震撼的案例，是一个女教师在圣路易斯的故事。她在一所学校教书，被一个陌生的男人威胁，对方想侵犯她。此时，她对这个犯罪分子展开了非暴力沟通，她开始全神贯注地体会对方当时的感受。对方看似是强势的一方，但实际上他也是很没有安全感的，所以他才想做出一些危险的行为进行发泄。

女教师了解到对方需要安全感之后，这样说道："你似乎有些不安，安全对你来说特别重要，是吗？……请告诉我，是不是有别的方式可以满足你的需要，而不用伤害我。"

最后，那个男人只抢了女教师的钱包就离开了。

非暴力沟通在很多情况下可以帮助我们，它有一套标准化的技术。

非暴力沟通的第一步，是我们在表达的时候，要说出感受，而不是评判。

比如，一个男人回家很晚，还一身酒气。他老婆肯定很生气，盛怒之下，可能说："你还知道回来呀，你干吗不死在外面?！"

当老婆骂出"干吗不死在外面?！"的时候，是在表达自己的感受吗？并不是，她只是在发泄自己的情绪。

非暴力沟通的核心：当一个人觉得情绪受伤，或者心中的某些需求没有得到满足的时候，要做的最重要的事是寻找这些需求，而不是发泄情绪。

情绪是最要命的"双刃剑"，将郁结的情绪发泄出去，当时是很痛快，但也会伤害到自身。

上述的例子，老婆的气话反倒提醒了老公，老公想："是呀，我干吗不待在外面呢？"于是过两天，他就连家也不回了。暴力沟通会导致生活一团糟。

非暴力沟通的做法是第一句话说出一个事实，例如上面这个例子，老婆可以对老公这样说："老公，这一个星期，你有5天都是11点以后才回来，而且身上都有酒味。"

第二句话说出自己的感受："我觉得特别难过。"

第三句话说原因："因为我希望我们的家像一个家，而不是一个旅馆。大家能够在一起吃晚饭，一块儿聊聊天。在我心里，这才是一个家的感觉。"

第四句话说出一个清晰而明确的要求："我希望以后你能够每周有3天的安排是8点以前回来，咱们一块儿吃晚饭，你觉得怎么样？"

当老婆能够用这样的方法跟老公沟通的时候，吵架的概率就会低很多。

我们在生活中有很多人根本不会提出具体的要求。

我有个朋友，他长得很瘦，他老婆有点儿胖。他老婆经常到了晚上就说"咱们今天晚上不吃了"，她就不做饭了。我朋友很饿，就跟我抱怨："她不好好做饭，气死我了！"

我说"那你提出你的要求啊"，他说"我提了"。

我问他是怎么提的，他说他告诉他老婆："你给我好好做饭。"

"你给我好好做饭"，这真的不是具体的要求，他老婆认为煮方便面就是好好做饭了。

人和人之间，对于这些模糊的词的理解是不一样的。很多女孩子常说："你要对我好一点儿。"

什么叫作"对我好一点儿"？因为不知道，所以对方做不到。

非暴力沟通中简单的四步：讲事实，讲感受，讲原因，提要求。

我们为什么不容易做到？

因为我们被暴力沟通的情绪所掌控，所以除了方法，我们还需要系统地学习非暴力沟通。

在生活中隐藏的暴力

什么是造成暴力沟通的因素？

第一个因素是道德评判。

当我们看到一个人做了某件事以后，会有一种习惯性的定义，觉得对方不尊重自己。举个例子来说，开车的时候，车上坐了一个亲戚。他拿了张卫生纸，朝窗外一扔。你可能不高兴，但他说车里没地方扔，你就能理解他。

但是，假如你开着车，前面车里有一个人朝外边扔卫生纸，你可能会说他"没素质"。

我们对于不熟悉、不了解的人，往往直接给予道德评判。

对于熟悉、了解的人，当遇到一些敏感的事的时候，我们也会给出道德评判，我们会指责："你从来都不尊重我""你从来都不关心我""你总是欺负我"。

我们一旦用道德评判的方式与对方沟通，这种沟通肯定就是暴力沟通。

第二个因素是比较。

例如："你看别人是怎么做的，再看看你是怎么做的，你为什么不如×××。"这种比较会给对方的内心带来很大的伤害。你越是用比较的方法教育孩子，孩子就越容易叛逆。

第三个因素来自回避责任。

很多人喜欢说"我不得不"，事实上，一旦意识不到他们是自己的主人时，他们就成了危险人物。

比如，德国纳粹枪杀犹太人的时候，他们会说："我没办法，这是上级的命令。"当他们意识不到他们是自己的主人的时候，他们可以做出任何可怕的事来。在生活中，很多可怕的事就是因"不得不"而产生的。

书中有这样一个例子：

有一次，我与一群家长和老师们讨论，如果语言中暗示别无选择，会带来什么危险。结果有一位女士气愤地反对道："有些事情不管你喜不喜欢，你就是非做不可！并且我认为，告诉我的孩子们有些事他们也必须做并没有什么不对。"于是我问她："有什么事情是你非做不可的？"她立刻回答："这太容易了！今晚离开这里回到家后，我就必须要做饭。我讨厌做饭！讨厌到了极点！20 年来，每天我都不得不做饭，哪怕有时累得像条狗也一样。因为，这些事情就是非做不可。"我告诉她，听到她花了那么多时间做自己不喜欢的事情，只是因为她认为必须要这么做，我很难过。我希望她在学了非暴力沟通后能找到让她更开心的选择。

所幸这位女士的学习能力很强。工作坊结束后，她就向家人宣布，她不想再做饭了！三个星期后，她的两个儿子也来参加我的工作坊，我好奇地询问他们如何看待母亲的决定。大儿子叹了一口气说："马歇尔，当时我心想，真是谢天谢地啊！"看到我一脸困惑的表情，他解释道："她终于不用在每次吃饭时发牢骚了！"

在这个例子中，我们看到，一个妈妈不愿做饭这件事给孩子带来的负面影响，其实还没有她在吃饭时发的牢骚大。当她把饭往桌上一放，说"你们这些家伙，一天到晚就知道让我做饭"时，可以想象出她家人的感受。但是，她已经习惯把自己扮演得非常委屈了。

作为一个独立的人，很多事情你是可以说出来的。比如，如果你真的不想加班，你就说出来。当然，有人可能会说，"我说出来就没工作了"，这时候，你就面临着选择。

其实，我们可以进行一次尝试，就是把"不得不"改成"我选择"。当我们把"不得不"改成"我选择"的时候，心情马上就不一样了，比如："我虽然不喜欢加班，但是如果不加班的话，我就没法承担责任。因此，我选择承担责任。"这时候，你的负面情绪马上就会消失很多。

如果一个人给全家人做饭、服务全家人的时候,把情绪调整好,内心充满喜悦,就会发现其实没有那么累。最累的是一边烦躁,一边做这些事,觉得怎么这么多人需要自己照顾。

有时候,我们可能无法选择做或不做某件事,但永远可以选择的是我们面对这件事的态度。

我曾听一个妈妈对别人说:"孩子到了高中,不管他怎么抗议,我都一定要盯死他,不能让他放松,直到他考上大学。"

如果这么做,妈妈对这个孩子的伤害会有多么大?要让一个孩子成绩好、好好学习,有很多种选择,父母完全可以让他愉快地去做这件事情。但如果你说学习从不是一件愉快的事,那是因为你没有体会过愉快的学习,这叫作"习得性无助"。你让自己变得无助了,你在孩子身上也表现出这种无助。总之,"不得不"的想法会使我们越来越暴力、越来越痛苦。

第四个因素是强人所难,用威胁的方式处理问题。

例如,有的父母说:"你不听我的话,我就不管你了。"有的父母跟孩子的沟通方式只有两种:打或者逃。逃就是威胁的一种方法,这对孩子来讲是巨大的威胁。

这四种沟通和表达的方式都是我们生活中常见的暴力来源。

现在我们来看,这样一句话算不算暴力?妈妈跟孩子说:"宝贝,你这次考得这么差,让妈妈真的很难过。"

这句话暴力吗?很多人说:"这不暴力,还挺温柔的。要是我妈能这样说话,我就乐死了。"

不!这是一句暴力沟通的话,因为孩子成绩不好跟妈妈难过之间没有必然的联系。每个孩子考得不好,所有的妈妈就一定会难过吗?

难过是因为妈妈有一个需求——希望孩子考得好的需求——没有得到满足,所以觉得难过。当妈妈说孩子成绩不好,让她很难过的时候,她就把学习这个责任完全推给了孩子。

这种沟通方法,短期内可能有效,孩子也觉得很难过,会好好学习。但孩子这时候好好学习，不是为了学习而学习，而是为了让妈妈不丢脸才学习的，因此根本感受不到学习本身的乐趣。

这些威胁、回避责任、进行比较的方法，以及道德评判，充斥在我们的日常生活中。一个人不好好思考就张口说话，很容易给别人造成暴力沟通的伤害。

只要四步，开辟新局面

怎样才能用非暴力沟通的方法解决人与人之间沟通的问题呢？

非暴力沟通的第一步叫作"观察"。

观察就是看事实。我们首先得学会区分观察和评论。有时候，我们一张口说的话，就是一个评论，而不是一个观察到的事实，没有呈现真相。

我们在说话的时候，要么说事实，要么说观点。实际上，事实就是我们所说的观察，而观点就是我们所说的评论。

比如："小张，我觉得你最近工作状态不太好。"这是一个事实，还是一个评论？很明显，这是一个评论。

当小张听到别人说他工作状态不太好的时候，立刻就有所警觉，他会在内心找出无数个理由来证明"我是好的"。

那换一种说法："小张，你这个人不太会来事儿，你一说话就得罪人。"这是一个事实，还是一个评论？这依然是一个评论。

"你最近经常迟到。"这很像事实了，但依然是评论。什么叫经常？小张会想："我这个星期才迟到3次，小李都迟到4次了，你怎么不批评他呢？"

什么样的话是讲事实？比如这样说："小张，我看了一下考勤记录，上周你有3次迟到记录。"

这是讲事实，就是没有对小张这个人做出评判，也没有说他是个不好的人，更没有说他不好好工作。他迟到了3次，可能是因为有些很重要的事耽误了时间，搞不好他是去拯救世界了，或者扶老奶奶过马路了。

沟通的第一步，是要学会区分观察和评论，这一点真的挺难。我对事实和观点是敏感的,但有时候在家里,说话的时候一放松,也会评论对方。这时候,我会纠正自己重来。

区分观察和评论有一句名言,是印度非常著名的心灵大师克里希那穆提说的:"不带评论的观察是人类智力的最高形式。"

孔子的四绝——"勿意、勿必、勿固、勿我",也是这样的智慧。

我们来一起体会一下这首诗:

我从未见过懒惰的人,
我见过
有个人有时在下午睡觉,
在雨天不出门,
但他不是个懒惰的人。
请在说我胡言乱语之前,
想一想,他是个懒惰的人,还是
他的行为被我们称为"懒惰"?

我从未见过愚蠢的孩子,
我见过有个孩子有时做的事
我不理解,
或不按我的吩咐做事情,
但他不是愚蠢的孩子。
请在你说他愚蠢之前,
想一想,他是个愚蠢的孩子,还是
他懂的事情与你不一样?

我使劲看了又看,
但从未看到厨师,

> 我看到有个人把食物
>
> 调配在一起，
>
> 打起了火，
>
> 看着炒菜的炉子——
>
> 我看到这些，但没有看到厨师。
>
> 告诉我，当你看的时候，
>
> 你看到的是厨师，还是有个人
>
> 做的事情被我们称为烹饪？
>
> 我们说有的人懒惰，
>
> 另一些人说他们与世无争；
>
> 我们说有的人愚蠢，
>
> 另一些人说他们学习方法有区别。
>
> 因此，我得出结论，
>
> 如果不把事实
>
> 和意见混为一谈，
>
> 我们将不再困惑，
>
> 因为你可能无所谓。我也想说：
>
> 这只是我的意见。
>
> ——鲁思·贝本梅尔

这是把事实和观点区分开了。这首诗的境界真的很高。

这本书里有很多练习，作者甚至都没有写什么是对，什么是错。

他连对和错都不评判，因为对和错都代表着伤害。

他的表述方式是，如果你认为这一句话是观点，那么我们的意见一致。

如果你认为不是，那么咱俩意见不一致。他陈述的永远是一个事实，这能够将人和人之间的矛盾和伤害大幅减少。

第二步是要体会和表达感受。

我们很多人有感受，压在心里不说，最重要的原因，是我们从小到大，太多的感受被忽略了。

如果你是男孩，当你摔倒后，你妈妈会讲，"起来起来，没那么疼"；当你很难过、委屈、在哭的时候，你妈妈会说，"这点儿小事有什么好哭的"。大人们以隐藏情绪为最高境界，男孩就会觉得哭起来丢脸。

但事实上，如果一个人不懂得照顾自己的情绪，不懂得表达自己的情绪的话，他要么压抑生病，要么突然暴怒、欺负别人，因为这些情绪都没有消失，而是在生命中不断地累积。

所以，不要让孩子压抑自己的情绪，我们也要照顾好自己的感受。

我们要知道什么是感受。比如，一个人说"我觉得我被忽略了"，"被忽略"是判断，而不是感受。"我觉得很愤怒"，这叫作"感受"。"我想把他打一顿"，这不是感受，而是想法。

为了清晰地表达感受，卢森堡博士编制了以下词汇表。

（1）下列词语可用来表达我们的需要得到满足时的感受：

兴奋 喜悦 欣喜 甜蜜 精力充沛 兴高采烈
感激 感动 乐观 自信 振作 振奋 开心
高兴 快乐 愉快 幸福 陶醉 满足 欣慰 心旷神怡 喜出望外
平静 自在 舒适 放松 踏实 安全 温暖 放心 无忧无虑

（2）下列词语可用来表达我们的需要没有得到满足时的感受：

害怕 担心 焦虑 忧虑 着急 紧张 心神不宁 心烦意乱
忧伤 沮丧 灰心 气馁 泄气 绝望 伤感 凄凉 悲伤
恼怒 愤怒 烦恼 苦恼 生气 厌烦 不满 不快 不耐烦

不高兴

震惊　失望　困惑　茫然　寂寞　孤独　郁闷　难过　悲观

沉重　麻木　筋疲力尽　萎靡不振　疲惫不堪　昏昏欲睡　无精打采

尴尬　惭愧　内疚　妒忌　遗憾　不舒服

第三步是找到感受的根源。

当听到不中听的话，或者面对一次伤害的时候，我们通常有4种反应。

第一种是认为自己犯了错，比如"这事都怪我"。

第二种是指责对方，比如"凭什么我内疚，这事怪他"。

第三种是了解自己的感受和需要，比如问自己："我到底想得到什么呢？"

第四种是用心体会他人的感受和需要。

显然前两者——责怪自己和责怪别人，都会带来暴力的情绪，会让我们的沟通变得很暴力，而后两种能够促使我们进行非暴力沟通。

体会感受和需要对一个人来说是很难的，卢森堡博士把这件事做到了出神入化。

他慈悲地告诉我们，人的成长有4个阶段。第一个阶段叫作"情感的奴隶"。有的人不论多少岁，一辈子都是情感的奴隶：总是觉得自己是被迫的，不得不做这么多的事；觉得自己忍辱负重，为别人牺牲了特别多。

第二个阶段叫作"面目可憎"。就是有的人学会了推卸责任，说"这事不归我管，你别跟我说这个。谁都和我没关系，我就过好自己的生活"，这会得罪很多人。

这两个阶段就是孔子讲的"过"和"不及"。

第三个阶段就是孔子说的"中庸之道"。就是你找到了中间的那个位置，叫作"生活的主人"。当你成为自己情绪的主人时，你才会乐于帮助别人。

在这个阶段，我们乐于互助。我们帮助他人，是出于爱，而不是出于恐惧、内疚或惭愧。那是自由而快乐的行为。我们意识到，虽然我们对自己的意愿、感受和行动负有完全的责任，但无法为他人负责。

我们如果到达了第四个阶段，就既表达了自己，又能关心他人。

非暴力沟通绝不是教你忍辱负重，而是你可以把自己的愤怒表达出来。你可以非常有条理地解决问题，但是你不会轻易用语言去伤害别人，因为伤害别人无助于你解决问题，只会让你的生活更加糟糕。

第四步叫作"请求帮助"。我们需要把自己究竟想要什么说出来。

有一个女性对她的老公说："你以后不要老加班，一天到晚都在工作，你还要不要这个家了？"她真的把自己的需求说出来了，结果她发现老公不加班了，但是报了一个高尔夫球班，跑去打高尔夫球了。

她的问题是她只是说了不要什么，没有说要什么。

在生活中，有很多人喜欢表达不要什么，但说不清究竟想要什么。

我讲领导力的课程时，有一个原则叫作"设定情境"。就是你张口就要讲目标，比如"今天，我要跟你谈一谈我们的销售进度问题"，或者"今天，我要跟你谈一谈你和同事们的人际关系问题"。这样的话只要一说出来，你后面说的所有的话，对方就都听懂了。如果你不把这个目标明确地说出来，对方就有可能跟你谈了半天，还是一头雾水。

把自己谈话的目标讲清楚，并且在提出要求以后，请对方反馈。请注意，是请求而不是命令，因为我们没有资格命令别人"以后对我好一点儿"。"以后对我好一点儿"是个命令，但如果你说你希望对方以后能够每周跟你吃两次饭、送一次花，你提出这个具体的要求以后，对方就比较容易做到了。

我们要学会请求帮助，否则的话，我们会非常孤独。

在整个过程中，对方有可能没有学过非暴力沟通，他可能一直在生气、在大吼，在发泄自己的情绪。这时候，需要我们全身心地倾听。千万不要希望对方停下来，或者打断对方。

书里有一个特别有贡献的部分，就是分析什么在阻碍我们倾听：

建议："我认为你应该……"这不是倾听，是在打断对方。
比较："这算不了什么。你听听我曾经的经历……"
说教："如果你这样做……你将会得到很大的好处。"
安慰："这不是你的错，你已经尽最大努力了。"
回忆："这让我想起……"
否定："高兴一点儿，不要这么难过。"
同情："哦，你这可怜的人……"
询问："这种情况是什么时候开始的？"
辩解："我原想早点儿打电话给你，但昨晚……"
纠正："事情不是那样的。"

这些方式在谈话中肯定是有用的，但是它们无助于你体会对方的处境，只会让对方更加抓狂。

在对方抓狂的时候，最重要的就是体会他的感受，说："我能够理解你真的很难过，知道你的孩子得不到良好的教育，你的心里非常焦虑。作为父母，我们都能够感受得到。"这叫作"反映情感"，当你能够准确地说出对方此刻的感受时，对方的情绪就会立刻好转。

我儿子嘟嘟有一次哭得特别难过。当时，他开着自己的小汽车撞墙，还大喊"撞墙，撞墙"。我把他一把从车里拎起来，丢到了沙发上。

我觉得我那个动作有些粗野，就把他抱过来，说："是不是爸爸刚才的行为有点儿太厉害了，让你害怕了？"

他听我这样说，两分钟后就恢复了往常的情绪，还跑去跟他奶奶说，其实爸爸还挺好的。

你看，爸爸也有可能做错事，会对他的态度不好，但是爸爸能够理解他的感受。这就是反映情感——你能够准确地说出对方此刻的感受。

这是最重要的工具，没有这个工具，即使你把前四步都学会了，也有可能对方一回应，你一生气，你们便吵架了，就会功亏一篑。

全身心地倾听是非常重要的。

讲出你未被满足的需求

有时候，你的情绪控制你，让你无法完成以上环节，卢森堡博士给出了他具体的建议。

比如，有时候你真的很愤怒，愤怒来的时候是挡不住的。卢森堡博士说，他也曾经有过想杀人的念头，但是后来他想了想，觉得杀人真的太肤浅了。

杀人并不能解决仇恨的问题，只会让仇恨变得更多，让人产生内疚的情绪。

最核心的是你把尚未被满足的需求讲出来，让对方感受到你真的很生气，反倒有可能帮助对方解决问题。

卢森堡博士为我们提供了一份他在瑞士监狱里与约翰的谈话记录。

约翰：3个星期前，我向监狱长官提出了一个请求，但他们到现在都没有给我回复。

马歇尔：这件事情发生时，使你生气的原因是什么呢？

约翰：我刚刚不是告诉你了吗，他们一直都没有回应我的请求！

马歇尔：等一下。在你说"我生气是因为他们……"时，请停下来想一想，觉察你对自己说了什么话，让你如此生气。

约翰：我没和自己说什么。

马歇尔：等一下，慢下来，你要聆听的是内心的声音。

约翰（默默地沉思了一会儿后）：我告诉自己：他们一点都不尊重人！他们是一群冷血的官僚，一点人味儿也没有，只在乎自己，对其他人都不屑一顾！他们就是一群……

马歇尔：谢谢，这足够了。现在你知道你为什么会生气了吗？是因为你的这些想法。

约翰：但是，这样想有什么不对吗？

马歇尔：我不是说这样想有什么不对。请注意，如果我告诉你这样想是不对的，那我看待你的方式，和你看待狱方是一样的。我不是说评判他人，称他们为"冷血的官僚"或认为他们"只在乎自己"等等是错的。然而，让你生气的正是这些想法。现在，请你把注意力放在自己的需要上：在这个事件中，你的需要是什么？

约翰（沉默了很久后）：马歇尔，我希望他们能让我参加我需要的培训。否则，出狱后，我迟早还是会像现在这样回到这里。

马歇尔：现在你已经把注意力放在你的需要上了，你的心情如何？

约翰：我很害怕。

马歇尔：现在，假定你是监狱官，而我是犯人。我走到你跟前对你说："我真的很需要那个培训。如果不能参加，我很害怕，不知道未来会发生什么。"这样说的话，是不是我的需要更有可能得到满足呢？如果我把你看作冷血的官僚，即使没有这样说出来，我的眼睛也会有所流露。你认为，哪种方式更有可能使我的愿望得到满足呢？

（约翰的眼睛盯着地板，沉默不语。）

马歇尔：嘿，兄弟，你怎么啦？

约翰：一言难尽。

3个小时后，约翰过来和我说："马歇尔，我真希望，两年前就学到你今天上午所教会我的。那样，我就不会杀了我最好的朋友。"

约翰是一个杀人犯，他杀死了自己最好的朋友，因为他的愤怒情绪得不到掌控。但是，他需要有人告诉他，其实他只需要把自己的需求和要求表达出来就好了。

当一个人不断地指责别人的时候，他会认为他的痛苦是别人造成的。

痛苦来自我们的需求没有得到满足，所以你要盯着需求，而不是情绪，这就是表达愤怒的方法。

在生活中,当别人满足了我们的需求时,我们可以用非暴力沟通的方式表达感激。

用非暴力沟通的方式表达感激有三个步骤:

一、对方做了什么,使我们的生活得到了改善;

二、我们的哪些需求得到了满足;

三、我们的心情怎样。

只要你很开心地把这三件事说给对方听,对方就一定会为你再做这样的事。

这一招叫作"二级反馈",就是通过这样的方式表达感谢,让对方很乐于继续做这样的事情。

人们都希望别人喜欢自己,这是人类原始的天性,因为人类在过去的社群中,一旦被排斥,就意味着要独自面对危险。表达感激也是非暴力沟通非常重要的组成部分。

练习以爱回应世界

非暴力沟通的4个步骤是观察、体会和表达感受、找到感受的根源、请求帮助。当你很好地把这四步连接起来的时候,非暴力沟通就实现了。

樊登读书会的北京书友建了一个非暴力沟通群,大家在群里练习非暴力沟通,不断地进步。在美国,非暴力沟通的影响力很大,有很多人是把这几个公式抄在手上,只要说话,就按照提示,一步步地展开。

我特别赞赏非暴力沟通给人们生活带来的改变。我想,卢森堡博士为什么可以把体谅这件事情做得那么好?

他讲了一个我特别喜欢的案例,回应了我的好奇。

有一天，一个男人来到他祖母家的后门向她乞求食物，祖母请这个人到厨房吃东西。在他吃饭的时候，她询问他的名字。

这个人回答："我叫耶稣。"

祖母很淡定，问他："今晚准备住在哪里？天很冷。"

这位"耶稣先生"说他不知道。

后来，他就在卢森堡博士的外祖母家住了下来，并且一直住了7年。

他的外祖母的心中没有评判，她想到的是人们的感受和需要。如果他们饥饿，就给他们食物；如果他们没有住处，就给他们提供睡觉的地方。

我知道做到这一点很难，但如果一个人像特蕾莎修女那样，心中充满了爱，能够做到不断地关注对方的需求，就能养育出卢森堡博士这样的人。

希望越来越多的人能够通过非暴力沟通，找到一个良好的沟通模式。

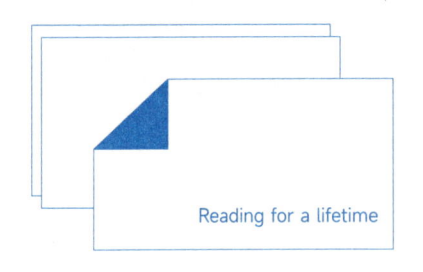

Reading for a lifetime

后记：
如何识别一本好书

这看起来是个挑剔的题目，但我要讲的是宽容的态度。

我见过很多人特别喜欢批评，似乎读完一本书不挑出一大堆毛病就不足以证明自己的巅峰状态一样。就连很多公认的好书，也有一大堆人跳着脚说"太烂了"。根据我的经验，这些人一般来讲小时候都受过"伤"。他们在父母和老师的大肆打击之下彻底屈服了，变成了他们师长的模样，眼睛不自觉地就看一本书有没有错别字、有没有语法错误、历史时间对不对、人名有没有搞错……

经过一番大肆批评之后，很爽，但他们得到了什么呢？除了感觉自己才华横溢、生不逢时，再次证明自己已经不需要学习，他们还有什么收获呢？他们又浪费了读一本书的时间。《论语》里有一段说"子贡方人"（子贡喜欢评论人），孔子说："……夫我则不暇。"意思是，"我可没那个闲工夫"。在茫茫书海中，好不容易跟一本书结缘，就要尽量结个善缘。我们对外部世界的感受基本上是自己内心状态的投射，看不惯的书很多，只能证明自己太狭隘。

有一次，有位朋友跟我说："杰克·韦尔奇出的那本《商业的本质》真是垃圾啊！老头老了，要靠编书赚钱了！"我说："不好意思，我还挺喜欢这本书，而且我不觉得他比我们还穷。"那本书的后半部分的确和前半部分风格完全不同（本来就是两个作者），但前半部分论述领导力和协同力真的很精彩，寥寥数语，皆中要害。杰克·韦尔奇的毕生功力都在领导力上，就冲这半本好书，花几十块钱，太值了！所以，经常有书友说："为什么听你讲这本书的时候觉得很好，买回去自己看反而觉得没那么好呢？"我只能说，心态真的很重要。这个世界并不缺乏美，而是缺乏发现美的眼睛。

除了心态，我还有几个选书的小原则。之所以是小原则，就是因为不绝对。凡事总有例外，不能因为一些我自己的原则而错过好书。原则只是参考，无可无不可。

首先，我不大喜欢编撰的书。当然，很多古代编撰的书除外。几百年的素材编一本，那绝对是经典，可现在编撰的书大多是拼凑的。而且，书籍包装的能力越来越强，很会起名字，找一些有名望的学者做主编，难免不中招。买回来一看，竟然是一个会议论文集！还有就是署名某某研究院、某某编写小组出的书，我一般会敬而远之。书之所以好，是因为它代表着个人的荣誉，是心血的结晶。敢于署上自己的名字，还是要负些责任的。一个机构署名，我们可以恶作剧地猜测是大家推来推去都不愿意署名的结果。

其次，"鸡汤"和"鸡血"的书我不喜欢。有一次，我在网上讲了《联盟》这本书，很多识货的企业家听完就加入了樊登读书会，还有很多我仰慕的企业家加了我的微信。但依然有网友留言说：最讨厌这些"鸡汤"了！我当时真想放下读书人的"包袱"跟他"撕"一下："兄弟，你知道什么是'鸡汤'吗？难道教你积极、健康一点儿的就是'鸡汤'？只有满嘴网络语言把自己和读者的人格假设都低到尘埃里的才是干货满满？有人读书真的是为了验证自己的观点的，一个负能量的人遇到正能量就说是'鸡汤'，实在是太不把'鸡'当回事儿了！"

真正的"鸡汤"（包括"鸡血"）是有标准的，那就是"不经过充分的实践和论证就轻易给出的结论和号召"。我听过一位机场里的大师演讲（不代表所有机场里的大师，因为我也在机场书店里出现过），讲了整整半小时，就是用澎湃的激情告诉企业家要放下！列举了特别多放下就成功的案例。这个叫"简单归纳法"，不作数的。怎么定义放下？放下的步骤和过程是什么？放下就会成功的论证过程是什么？有没有放下了却没成功的？有没有没放下却成功了的？……如果那位大师能够这样来论证这件事，放下这件事才能成为一个课题，而不是一碗"鸡汤"，或者一腔"鸡血"。

再次，品牌出版商大概率会出好书，但也要给小出版商一些机会。由于我太过宽容，所以经常会翻看一些不知名的出版社和出版品牌的图书。有时候，看到很多错别字，我想是校对的问题，也许书是好的。看到掉了一页，我想是装订的问题，也许书是好的。直到我看到前后文中对同一个人名的翻译都是不同的，我才相信他们确实太不上心了！我比较信得过的出版品牌包括：中信、机工、湛庐、磨铁、果麦、读客、商务、古籍、中华书局……

最后，要多用一些时间读经典，也要关注最新的研究成果。经典就是那些你读不进去也不会怀疑是书写得不好的作品。二十几岁的时候，我学人家读《瓦尔登湖》，真的完全读不下去。好在我是用很敬仰和遗憾的态度把它卖给了收废品的。38岁那年，我又想起了它，这次一读，惊为天人！这就是经典，买回来，放在书架上不会吃亏。一时读不懂不要紧，还有一辈子可以等待。所以，很多人一辈子只读经典。

但这样有个问题，就是于新知略有滞后。为什么不试着做那个发现经典的人呢？我从出版社给我的样书中选出了原本并不被特别看好的《刻意练习》这本书，大力推荐。后来，它成为畅销书和知识界创业圈的热门话题。可以说，我参与了一本经典图书的诞生。这种感觉也很好啊！

在新知类图书中，我更看好教授们写的书，而不是畅销书作家写的书。同一个话题，一般畅销书作家的书先出版，先畅销。然后，教授看了生气，写一本反驳的书，后出版，很难红。畅销书作家写书最大的问题是不严谨，因为只有简单化才是畅销的不二法门。

人们有时候就喜欢简单的：你就告诉我练习1万小时就行啦，别跟我说什么刻意练习的特点和步骤，我不耐烦！追求简单化是我们的大脑从原始社会落下的病根，很难治。

所以，要解决这个问题，只有耐着性子多读书，读好书。

参考文献

[1] 泰勒·本-沙哈尔.幸福的方法[M].汪冰,刘骏杰,倪子君,译.北京:中信出版社,2022.

[2] 一行禅师.正念的奇迹[M].北京:中央编译出版社,2012.

[3] 格雷姆·考恩.我战胜了抑郁症:九个抑郁症患者真实感人的自愈故事[M].凌春秀,译.北京:人民邮电出版社,2015.

[4] 阿尔伯特·埃利斯,阿瑟·兰格.我的情绪为何总被他人左右[M].张蕾芳,译.北京:机械工业出版社,2015.

[5] 马克·舍恩,克里斯汀·洛贝格.你的生存本能正在杀死你[M].蒋宗强,译.北京:中信出版社,2014.

[6] 盖伊·温奇博士.情绪急救:应对各种日常心理伤害的策略与方法[M].孙璐,译.上海:上海社会科学院出版社,2015.

[7] 鲁比·怀克丝.精神问题有什么可笑的[M].张昕,译.北京:机械工业出版社,2015.

[8] 有田秀穗.减压脑科学[M].陈梓萱,译.北京:国际文化出版公司,2021.

[9] 尤瓦尔·赫拉利.未来简史[M].林俊宏,译.北京:中信出版社,2017.

[10] 杰瑞·卡普兰.人工智能时代[M].李盼,译.杭州:浙江人民出版社,2016.

[11] 萨利姆·伊斯梅尔,迈克尔·马隆,尤里·范吉斯特.指数型组织:打造独角兽公司的11个最强属性[M].苏健,译.杭州:浙江人民出版社,2015.

[12] 罗宾·蔡斯.共享经济:重构未来商业新模式[M].王芮,译.杭州:浙江人民出版社,2015.

[13] 萨尔曼·可汗.翻转课堂的可汗学院:互联时代的教育革命[M].刘婧,译.杭州:浙江人民出版社,2014.

[14] 亚当·格兰特.离经叛道：不按常理出牌的人如何改变世界[M].王璐，译.杭州：浙江大学出版社，2016.

[15] 克莱顿·克里斯坦森，詹姆斯·奥沃斯，凯伦·迪伦.你要如何衡量你的人生[M].丁晓辉，译.长春：吉林出版集团有限责任公司，2013.

[16] 本田直之.少即是多[M].李雨潭，译.重庆：重庆出版社，2015.

[17] 谢丽尔·桑德伯格.向前一步：全新升级珍藏版[M].颜筝，曹定，王占华，译.北京：中信出版社，2014.

[18] 亚伦·卡尔.这书能让你戒烟[M].严冬冬，译.北京：中华工商联合出版社，2014.

[19] 马歇尔·卢森堡.非暴力沟通[M].阮胤华，译.北京：华夏出版社，2018.